国家科学技术学术著作出版基金资助出版

中华虎凤蝶生态图鉴

张松奎　编著

河南科学技术出版社
·郑州·

图书在版编目（ＣＩＰ）数据

中华虎凤蝶生态图鉴 / 张松奎编著 . -- 郑州：河南科学技术出版社 , 2023.3
ISBN 978-7-5725-1063-2

Ⅰ . ①中… Ⅱ . ①张… Ⅲ . ①蝶 – 中国 – 图解 Ⅳ . ① Q964.08-64

中国国家版本馆 CIP 数据核字 (2023) 第 010057 号

出版发行：河南科学技术出版社
　　　　　地址：郑州市郑东新区祥盛街 27 号　　邮编：450016
　　　　　电话：（0371）65737028 65788613
　　　　　网址：www.hnstp.cn
策划编辑：陈淑芹　　申卫娟
责任编辑：陈淑芹
责任校对：张萌萌
整体设计：张德琛
责任印制：张艳芳
印　　刷：河南新达彩印有限公司
经　　销：全国新华书店
开　　本：787 mm×1 092 mm　1/16　　印张：12　　字数：150 千字
版　　次：2023 年 3 月第 1 版　2023 年 3 月第 1 次印刷
定　　价：88.00 元

如发现印、装质量问题，请与出版社联系并调换。

序

Preface

　　张松奎先生既是画家又是生态摄影师，他热爱大自然，长期以来一心一意投身于野生动物保护工作。对于我国的特有物种——中华虎凤蝶更是情有独钟。从 20 世纪 80 年代开始，近 40 年来，他多次深入长江中下游和秦岭山区计 10 余个省、市的中华虎凤蝶栖息地实地考察、记录并摄影。如今，从近万幅图片中精选出 600 余幅，配上文字记录，并参考国内外文献整理成书，可以说是图文并茂，具有颇高的学术价值和应用价值。我亦很愿意为野生动物保护奉献绵薄之力，尽自己的一份责任，而对于他长期以来克服各种困难，矢志不渝的精神又十分钦佩，故乐于作序。

　　记得朱弘复先生在为《珍贵濒危蝴蝶：中华虎凤蝶》作序时，曾表达一个衷心的期望，对每一种重点保护动物，都有一两本类似的专著出版。本着保护物种多样性就是保护人类自身这一共同理念，我和他的期望完全一致，那就是：在不久的将来，对于每一种重点保护动物，作为一名昆虫学工作者，特别期望，其中的每一种昆虫（如金斑喙凤蝶、双尾褐凤蝶、阿波罗绢蝶等）都有一两本类似的出版物问世。那无疑会将我国的野生动物保护工作和科学普及工作大大地向前推进！

胡　萃

于浙江大学华家池校区

2019 年 9 月 10 日

前 言

Introduction

　　在长江中下游的低山丘陵与平原相间区域和秦岭山脉，分布着一种中国特产物种——中华虎凤蝶。指名亚种主要分布于长江中下游，海拔约 300 m 的平原和丘陵低地，寄主植物为杜衡。华山亚种 (又称李氏亚种) 分布于秦岭山脉及巴山、神农架等地，海拔约 1 500 m，有华山、宁陕、周至等种群，寄主植物为细辛。

　　据我国已正式发表的文献记载和南京中华虎凤蝶自然博物馆科考队在长江中下游和秦岭山脉的调查，已知 12 个省市有栖息地：江苏 5 县市、安徽 7 县市、浙江 9 县市、江西 4 县市、湖北 10 县市、湖南 4 县市、河南 2 县市、重庆 3 县市、四川 2 县市、陕西 5 县市、甘肃 1 县市、山西 1 县市，分布范围西起四川攀枝花等地，东至浙江杭州等地，北起陕西华山等地，南到湖南衡阳等地。

　　我国较早记载中华虎凤蝶的文献有昆虫学家黄其林教授于 1936 年发表的《南京蝶类志》，其中的标本采自南京，学名为 *Luehdorfia puziloi* Grar。李传隆教授于 1958 年出版的《蝴蝶》中有采自浙江的标本，学名为 *Luehdorfia japonica chinensis*。1978 年，李传隆教授根据蝶类幼期形态发表了《中国蝶类幼期小志——中华虎凤蝶》，鉴定中华虎凤蝶为一独立的物种，学名为 *Luehdorfia chinensis*。

　　虎凤蝶属是亚洲东部地区的特产属，多数昆虫学者认为本属有 4 个种。其中乌苏里虎凤蝶产于中国吉林等地，俄罗斯符拉迪沃斯托克等地，朝鲜，韩国，日本北海道等地；日本虎凤蝶产于日本本州；长尾虎凤蝶产于中国陕西太白山等地。

　　我国 1989 年 3 月 1 日施行的《国家重点保护野生动物名录》将中华虎凤蝶华山亚种 *L.chinensis huashanensis* Lee 列为国家二级保护动物，2000 年国家林业局发布实施的《国家保护的有益的或有重要经济、科学研究价值的陆生野生动物名录》将虎凤蝶属 (所有种) 列入名录。2021 年国家林业和草原局、农业农村部公告第 3 号《国家重点保护野生动物名录》中，中华虎凤蝶 *Luehdorfia chinensis* 被列为二级保护动物。

本图鉴重点讲述了中华虎凤蝶的分类地位，生物学特性，寄主植物、蜜源植物种类和繁殖，不同类型的野生种群栖息地，主要濒危原因和保育方法，同步调查案例等内容，并配有作者 1983 年至 2019 年间多次对长江中下游和秦岭山脉中华虎凤蝶栖息地考察拍摄的全虫态影像和图片。作者想通过本图鉴，对今后探究中华虎凤蝶濒危的分子机制提供生物性状等方面的原始记录，为农林、生态环境部门提供真实可靠的保护野生动物种群受胁状况，从而研究针对中华虎凤蝶保护的有效途径和措施。通过国内外学术交流活动等形式，让更多的人关爱中华虎凤蝶，增强人们保护生态环境的意识。

本书在编著过程中，得到了浙江大学胡萃教授、南京农业大学王荫长教授、中国科学院动物研究所袁德成研究员、南京师范大学孙红英教授、南京大学日文教师陈娟、南京中华虎凤蝶自然博物馆司马先生、南京蝶梦山丘民宿郤青轩女士的指导和帮忙。日本蝴蝶专家石川佳宏、朝日纯一、斋藤文男等先生赠送了日本虎凤蝶研究学者文献资料集。在此向他们表示深深的感谢。

编者
2021 年 8 月

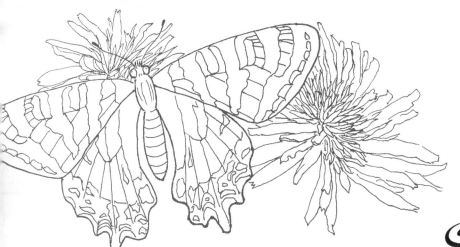

目 录
Contents

第一章 概　述

1. 研究综述

《世界大鳞翅目志·古北区蝶类》（Seitz，1906）记载虎凤蝶属有乌苏里虎凤蝶 *Luehdorfia puziloi*（Erschoff，1872）1 种，日本虎凤蝶 *Luehdorfia japonica* Leech，1889 和中华虎凤蝶 *Luehdorfia chinensis* Leech，1893 是乌苏里虎凤蝶的 2 个亚种。《中、日、朝蝶类志》（Leech，1893—1894）记载虎凤蝶属有乌苏里虎凤蝶指名亚种和日本虎凤蝶两种，Leech 将在我国湖北长阳县采集的中华虎凤蝶，认为是日本虎凤蝶的变种。在 1905—1977 年的国内外有关文献中，对乌苏里虎凤蝶指名亚种和日本虎凤蝶的鉴定基本与 Leech 相同。《南京蝶类志》（黄其林，1936）第 164 页有拉丁学名 *Luehdorfia puziloi* Grar，无中文名，从文字描述和标本图可以看出是中华虎凤蝶；《蝴蝶》（李传隆，1958）第 20 页有拉丁学名 *Luehdorfia japonica chinensis*，无中文名，从文字描述和标本图可以看出是中华虎凤蝶；《昆虫分类学》（中册）（蔡邦华，1973）第 260 页有拉丁学名 *Luehdorfia chinensis* Leech，中文名惊蛰蝶，文字描述：早春（春梅开花时）出现的蝶类，有尾；《中国蝶类幼期小志——中华虎凤蝶》（李传隆，1978）根据幼期形态，鉴定中华虎凤蝶为一独立的物种；世界自然保护联盟（IUCN）红皮书之一"世界濒危凤蝶"（1985）认为中华虎凤蝶（*Luehdorfia chinensis* Leech）是一种缺乏了解的、局限分布于中国东部一些省份的物种，其分类地位尚不明确；《牛首山的中华虎凤蝶》（吴琦，1986）以细腻的文笔，描述了南京牛首山的中华虎凤蝶的一生；《珍贵濒危蝴蝶：中华虎凤蝶》（胡萃，洪健，叶恭银，等，1992）首次对中华虎凤蝶生物学特性、显微与超微结构、人工饲料、饲养技术和稀少的原因进行了研究；《中华虎凤蝶》（张松奎，陈义柏，1992）编导的电视教学专题片，将中华虎凤蝶全虫态首次展现于中央教育电视台科教节目；《中国蝶类志》（周尧，1994）指出中华虎凤蝶华山亚种 *L.chinensis huashanensis* Lee 是未正式发表的无效名，以中华虎凤蝶李氏亚种 *L.chinensis leei* Chou 为名作为新亚种发表；《中华虎凤蝶栖息地、生物学和保护现状》（袁德成，买国庆，胡萃，等，1998）认为该物种能否在其自然分布区持续生存、需要采取怎样的保护措施，是一个亟待研究的问题；《关于虎凤蝶属诸种分类地位的初步讨论》（胡萃，叶恭银，洪健，等，2000）根据近年来有关杂交试

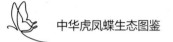

验的结果，初步认为虎凤蝶属中的 4 个种之间并未真正生殖隔离，它们应同属一种；《中国动物志　凤蝶科》（武春生，2001）记载中华虎凤蝶有 2 个亚种，中华虎凤蝶指名亚种 *L. chinensis chinensis* Leech、中华虎凤蝶华山亚种 *L.chinensis huashanensis* Lee；《珍稀濒危蝴蝶 ——虎凤蝶的生物生态学研究进展》（董思雨，蒋国芳，洪芳，2014）介绍了近 50 年来虎凤蝶属中 4 种蝴蝶的研究进展，对虎凤蝶属的系统发生关系、生物学特性、分子生态学、行为生态学和种群保护现状等方面的研究进行了综述。

《新版世界蝴蝶名录图鉴》(寿建新，2016) 记载虎凤蝶属有 6 个种，其中有周氏虎凤蝶 *Luehdorfia choui* Shou & Yuan，2005，波氏虎凤蝶 *Luehdorfia bosniackii* Bryk，1912，并对波氏虎凤蝶做了注示：在 Bridges，C.A. 1988 的名录中有此种存在 (Soc. ent. 27：53)。但在其他著作中没有人提到此种存在，因此，该种的分类地位值得研究。

据南京中华虎凤蝶自然博物馆文献资料库截至 2018 年 12 月的统计，收集到已正式发表的有关中华虎凤蝶研究文献 50 余篇（部）。

2. 分类地位、形态和分布

（1）分类地位

中华虎凤蝶 *Luehdorfia chinensis* Leech，1893 属昆虫纲 Insecta，鳞翅目 Lepidoptera，锤角亚目 Rhopalocera，凤蝶总科 Papilionoidea，凤蝶科 Papilionidae，绢蝶亚科 Parnassiinae，虎凤蝶属 *Luehdorfia* Cruger，1851。

（2）形态

凤蝶科种类以大型为主，少数为中型。翅面有黑、白、黄等色，嵌有红、蓝、绿等色的斑纹。大多数种类有尾状突起。前足胫节有 1 个前胫突。后翅 2A 脉伸至后缘。幼虫受惊吓会自前胸背面翻出"V"形臭腺。

绢蝶亚科种类中型。前、后翅多为灰白色和蜡黄色，呈半透明状，嵌有红、黑色斑点。前翅 R 脉 4 支，A 脉 2 支。后翅脉 1 支。雌蝶交尾后会在腹部末端衍生出不同形状的臀袋。

虎凤蝶属种的分类以成虫的前、后翅外形、斑纹，幼虫斑色等方面为依据。具体为成虫的前翅长度（mm）、外缘形状、翅尖黄色斑的错位，后翅半月斑颜色、亚外缘红色斑、亚外缘黑色斑、中室的黑带，尾突长度（占后翅长），雄蝶腹末毛色，雌蝶交尾附属物；幼虫黄色斑。

中华虎凤蝶属完全变态昆虫，一生需要经历卵、幼虫、蛹、成虫四个发育阶段。

成虫：中华虎凤蝶雌蝶体长 18~21 mm，翅展 53~60 mm。雄蝶体长 16~19 mm，翅展 50~57 mm。体黑色具黄毛，在各腹节的后缘侧面，有一道细长的白纹。翅面黄色，斑纹黑色。

前翅外缘呈曲线状，有一列外缘黄色斑，靠近翅尖第 1 个细而小的条形黄斑和后方 7 个条形黄斑排列整齐，无错位。中室及中室端有 6 条黑色纵带，中室后方有 2 条黑色纵带。后翅中室的黑带与其下的黑带分离。亚外缘有 5 个发达红斑连成带状，自后缘开始，终止于 M1 脉。雄蝶红斑较淡，上方的黑斑呈深灰色且细，雌蝶红斑较深，上方的黑斑呈黑色略粗。红色斑外侧有蓝斑，臀角蓝斑大而明显。外缘锯齿凹处有 4 个黄色半月斑。后缘密生有黄毛。尾突较短，长度约为后翅的 15%。前、后翅腹面斑纹与背面基本相似，部分区域黄色较正面深，呈橙色。雌雄同型，雌蝶的黄色略深。

成虫

　　卵：产卵形式为片产，每粒卵的底部具有雌蝶的分泌物，能牢固地黏在叶面上而不脱落。卵受精时，精子由受精孔进入卵内部，经过细胞分裂而形成新的生命。卵在孵化前，卵壳会显出卵内幼虫的黑色头壳，孵化时幼虫会咬破卵壳。卵孵化的时间通常受温度影响，平均为 23 天。未受精卵不能孵化。

　　幼虫：刚孵化出的幼虫称为一龄幼虫。口器为咀嚼式。因为幼虫的体壁是由几丁质构成的，不能随着体形长大而长大，所以幼虫必须经过蜕皮才能成为老熟幼虫。蜕皮前幼虫一动不动，头壳后方膨大。每蜕一次皮就是增加了一龄，中华虎凤蝶幼虫要蜕 5 次皮。幼

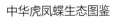

虫蜕皮是从头开始，头壳最先与头部分离。各龄幼虫在蜕皮前不再取食，五龄幼虫蜕皮前有强烈的扩散行为，并排出体内的粪便，找到合适的地点后，就进入预蛹阶段，还会织一个丝垫，将有着膨大头状体的弓形趾钩钩入丝垫。再左右来回地吐出几十股丝织成一道丝圈，幼虫钻入后丝圈置于后胸之外。

卵

幼虫

蛹：约 60 小时后，老熟幼虫通过不断地蠕动身体，开始化蛹，约 3 分钟蜕下表皮，刚化蛹的体色淡黄且湿润，翅芽淡绿色。蛹体约 20 小时后表面硬化定色，呈深褐色。在约 300 天的蛹期里，体内血液中的血球细胞在破坏幼虫的旧器官，组成成虫的新器官。中华虎凤蝶蛹为缢蛹。

蛹

（3）分布

中华虎凤蝶是中国特产种，有 2 个亚种。指名亚种主要分布于长江中下游。华山亚种（又称李氏亚种）仅分布于陕西等地，有华山种群、宁陕种群、周至种群。

据南京中华虎凤蝶自然博物馆科考队在秦岭山脉和长江中下游的调查以及我国已正式发表的文献记载，已知 12 个省市有中华虎凤蝶栖息地：江苏（南京、镇江、金坛、溧阳、宜兴、*连云港等地）、安徽（和县、滁州、合肥、六安、马鞍山、宣城、安庆等地）、浙江（杭州、东西天目山、德清、莫干山、长兴、余杭、清凉峰、临安、平阳等地）、江西（庐山、九江、萍乡、彭泽县桃红岭等地）、湖北（武汉、黄冈、随州、长阳、利川、恩施、咸丰、罗田、神农架、武当山等地）、湖南（衡山、醴陵、萍山、常德、益阳等地）、河南（石人山、鲁山、信阳等地）、重庆（城口、巫山、巫溪等地）、四川（汶川、宜宾、攀枝花等地）、陕西（华阴、长安、周至、太白、宁陕等地）、甘肃（天水等地）、山西（永济等地）。

中华虎凤蝶分布范围西起四川*汶川等地，东至浙江杭州平阳等地，北起陕西华山、甘肃小陇山等地，南至湖南衡阳等地，在 N27°~34° 范围内。从海拔高度上来看，分属找国总体地势的第二和第三阶梯。

（栖息地中*为仅见于文献中提到的该分布点，但未见考察报告或分布点采集的标本）。

（Leech 手绘图）

1892 年英国昆虫学家 Leech 在湖北长阳采集到中华虎凤蝶（雌蝶），
发表在《中、日、朝蝶类志》

第二章　虎凤蝶属的研究

1. 分类

胡萃、叶恭银、洪健等在《关于虎凤蝶属诸种分类地位的初步讨论》一文中，对虎凤蝶属各种形态差别、染色体数目、杂交结果进行了研究，认为虎凤蝶属中的 4 个种之间并未真正生殖隔离，它们应同属一种。

虎凤蝶属各个种的区别，从成虫翅展、斑纹、外形、尾突的长短以及幼虫形态的差异就可以看出种间的不同。成虫翅展按大小依次为日本虎凤蝶、长尾虎凤蝶、中华虎凤蝶、乌苏里虎凤蝶。分布在长江中下游和秦岭山脉的中华虎凤蝶和长尾虎凤蝶相同之处为，后翅亚外缘红色斑均很发达；不同之处为，中华虎凤蝶后翅的中室黑带分离，尾突较短，长尾虎凤蝶前翅翅尖的黄色斑略有错位，后翅的中室黑带连续，尾突较长。分布在我国东北、俄罗斯、朝鲜半岛和日本的乌苏里虎凤蝶以及日本虎凤蝶相同之处为，后翅亚外缘红色斑均不发达；不同之处为，乌苏里虎凤蝶前翅翅尖的黄色斑无错位，后翅外缘半月斑黄色，尾突较短，日本虎凤蝶前翅翅尖的黄色斑错位，后翅外缘半月斑橙色，尾突较长。

乌苏里虎凤蝶和长尾虎凤蝶的幼虫相同之处为，每体节侧面均有一对黄色斑；不同之处为，长尾虎凤蝶五龄时黄色斑消失。

洪健、叶恭银、邢连喜等（1999）对超微结构研究描述如下：各虫态的主要结构如成虫鳞片、触角感器、口器、复眼，幼虫体表突起、气门、臀板，卵的纹饰，蛹表面结构等是相似的，主要差异在成虫雄蝶外生殖器以及幼虫体表的一些结构。成虫阳茎形状相似，按大小依次是日本虎凤蝶、乌苏里虎凤蝶、长尾虎凤蝶、中华虎凤蝶；抱器的形状、抱器中部游离板、抱器端刺突等均有一定差异；乌苏里虎凤蝶的钩状突弯曲程度低，阳茎轭片顶端尖刺状，其他三种的钩状突相似，而阳茎轭片有明显差别。幼虫的头宽、上颚齿、头部刚毛和体表刚毛、体表凹形斑、臀板刺突等结构亦均有一定的差异。

乌苏里虎凤蝶臀袋

日本虎凤蝶臀袋

中华虎凤蝶臀袋

长尾虎凤蝶臀袋

（1）虎凤蝶属间的杂交

1994年原聖树报道，成功地获得 F1 和 F2 的有：日本虎凤蝶♀×乌苏里虎凤蝶♂（本州、北海道）和乌苏里虎凤蝶 coreana 亚种♀×乌苏里虎凤蝶 inexpecta 亚种♂（赤城山）。成功地获得 F1 的有：日本虎凤蝶♀×中华虎凤蝶♂，中华虎凤蝶♀×乌苏里虎凤蝶 inexpecta 亚种♂（本州中部），以及乌苏里虎凤蝶 inexpecta 亚种♀（本州中部）×中华虎凤蝶♂。

1995年，工藤忠和稻冈茂报道，长尾虎凤蝶♀（陕西秦岭，下同）×乌苏里虎凤蝶♂（日本青森县青森市），F1♀♂均能育。1996年工藤忠报道，长尾虎凤蝶♀×乌苏里虎凤蝶♂（日本岩手县盛冈市），F1 计77粒卵，59粒孵化，19♂♂18♀♀羽化；同年，又报道，长尾虎凤蝶♀×乌苏里虎凤蝶♂（日本青森县青森市）F1，25♂♂16♀♀健全成虫羽化，至 F2 从4头雌蝶得282粒卵，130粒孵化，饲养后得98头末龄幼虫，93头化蛹，31♂♂28♀♀羽化。

1999 年，八岛淳一郎、大曾根刚及西田真也报道，中华虎凤蝶♀（浙江杭州，下同）× 乌苏里虎凤蝶亚种♂（日本宫城县仙台市）或乌苏里虎凤蝶♀（日本宫城县仙台市）× 中华虎凤蝶♂，F1 成虫均羽化；长尾虎凤蝶♀ × 乌苏里虎凤蝶♂（长野县上田市或宫城县柴田郡），F1 成虫羽化；长尾虎凤蝶♀ × 中华虎凤蝶♂，F1 成虫羽化；日本虎凤蝶♀（长野县北安云郡或爱知县濑户市）× 中华虎凤蝶♂，F1 成虫羽化；日本虎凤蝶♀（山形县）×（中华虎凤蝶♀ × 乌苏里虎凤蝶♂ F1）♂，三元杂交 F1 有成虫羽化；乌苏里虎凤蝶♀（日本宫城县仙台市）×（中华虎凤蝶♀ × 乌苏里虎凤蝶♂ F1）♂，BC1 成虫羽化；中华虎凤蝶♀ ×（中华虎凤蝶♀ × 乌苏里虎凤蝶♂ F1）♂，BC1 成虫羽化。

八岛淳一郎等（1999）将结果归纳如表 2.1 所示。中华虎凤蝶的雄蝶与其他 3 种的雌蝶交配均能产生 F1；长尾虎凤蝶雄蝶与其他 3 种的雌蝶交配均不能产生杂交后代；乌苏里虎凤蝶和中华虎凤蝶试验组正反均能产生杂交后代。

表 2.1 虎凤蝶属杂交结果（八岛淳一郎等，1999）

♂ ＼ ♀	长尾虎凤蝶 日本虎凤蝶 乌苏里虎凤蝶 中华虎凤蝶			
中华虎凤蝶	◎	○	◎	
乌苏里虎凤蝶	◎	○	○	
日本虎凤蝶	●	●		●
长尾虎凤蝶	●	●	●	

注：◎ 产生 F1 杂种；○ 有产生 F1 杂种，有不产生 F1 杂种；● 不产生 F1 杂种。

（2）虎凤蝶属亲缘关系

虎凤蝶属在属间与尾凤蝶属 *Bhutanitsi* Atkinson，1873 最为接近，还有丝带凤蝶属 *Sericinus* Westwood，1851；锯凤蝶属 *Zerynthia* Ochsenheimer，1816；绢凤蝶属 *Allancastria* Bryk，1934；绢蝶属 *Parnassius* Latreille，1804；云绢蝶属 *Hypermnestra*，Ménétriés，1846；帅绢蝶属 *Archon* Hübner，1822 较为接近。以上八个属分布于中国、朝鲜半岛、日本、欧洲南部、亚洲中西部、非洲北部等地。在属内中华虎凤蝶 *Luehdorfia chinensis* Leech，(1893) 与长尾虎凤蝶 *Luehdorfia longicaudata* Lee， 1982 最为接近，与乌苏里虎凤蝶 *Luehdorfia puziloi* Erschoff，(1872)、日本虎凤蝶 *Luehdorfia japonica* Leech，(1889) 较为接近。

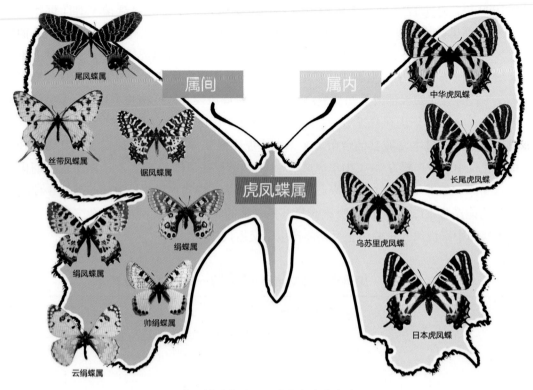

虎凤蝶属在属间、属内亲缘关系图

　　关于虎凤蝶属的亲缘关系，各国学者有着相近或不同的研究结果。研究方法有从形态和地理分布及外生殖器的结构特征上确定它们的系统分类地位，近年来也有学者对 ND5和 COI 基因的聚类分析进行研究，他们提出了不同的虎凤蝶属亲缘关系。

　　1）胡萃、洪健、叶恭银等（1992）提出虎凤蝶属的亲缘关系，在属间，与 *Bhutanitis*最为接近；在属内，从中华虎凤蝶来说，则以长尾虎凤蝶最为接近。

　　2）洪健、叶恭银、邢连喜等（1999）运用扫描电镜观察到中华虎凤蝶、长尾虎凤蝶、乌苏里虎凤蝶和日本虎凤蝶雄蝶外生殖器的一般形态结构相似，但这 4 种虎凤蝶的抱器、钩状突、阳茎、阳茎轭片的超微结构存在差异，这些特征可作为鉴定的依据，通过对雄蝶外生殖器形态结构的比较，以及有关结构参数的聚类分析认为，中华虎凤蝶具有最原始的结构特征，可能较接近该属祖先，长尾虎凤蝶则与其较近缘；乌苏里虎凤蝶与日本虎凤蝶相对较近缘，与前两种差异略大。

　　3）寿建新（2013）提出周氏虎凤蝶保持了最初的形态、寄主和栖息地，生活在秦岭山脉中；周氏虎凤蝶通过突变，分化出中华虎凤蝶（保持原寄主或向东扩散更换寄主为杜衡）和太白虎凤蝶（更换寄主为马蹄香等）；周氏虎凤蝶的一部分向北扩散并保持了原寄主而分化为小型的乌苏里虎凤蝶，其中的一个分支继续向东扩散更换了原寄主为日本细辛后，分化为大型的日本虎凤蝶。因为扩散造成迁徙，更换了寄主，产生了地理隔离和生殖隔离，形成了新的物种。从周氏虎凤蝶同其他虎凤蝶的成虫形态比较可以看出，周氏虎凤蝶雄蝶类似于中华虎凤蝶，雌蝶类似于太白虎凤蝶。在进化上，中华虎凤蝶和太白虎凤蝶亲缘关系要比乌苏里虎凤蝶和日本虎凤蝶的亲缘关系更近一些。

（3）虎凤蝶属亲缘关系分支图

1）胡萃等（1992），褐凤蝶属：祖先－虎凤蝶属－中华虎凤蝶－长尾虎凤蝶－乌苏里虎凤蝶－日本虎凤蝶。

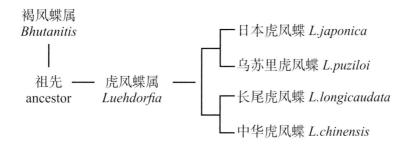

2）渡边康之等（1996）认为从形态和地理分布上看，中华虎凤蝶具有最原始的特征，日本虎凤蝶次之，而长尾虎凤蝶和乌苏里虎凤蝶较近缘。

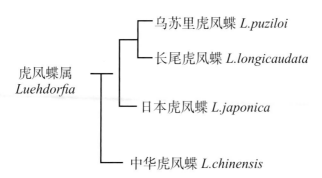

3）Hiromichi等（2000）根据线粒体NADH脱氢酶亚基5（ND5）的785bp的基因序列比较，指出最早出现的是日本虎凤蝶，然后是中华虎凤蝶、长尾虎凤蝶和乌苏里虎凤蝶。

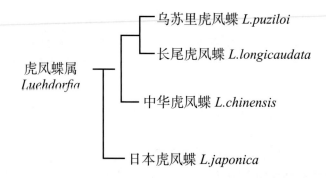

4）寿建新（2013）对虎凤蝶属 *Luehdorfia* 种的排序为：周氏虎凤蝶 *L.choui*，中华虎凤蝶 *L.chinensis*，太白虎凤蝶 *L.taibai*，日本虎凤蝶 *L.japonica*，乌苏里虎凤蝶 *L.puziloi*。

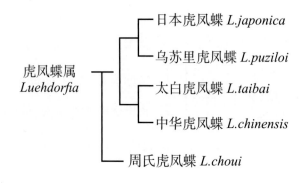

虎凤蝶属 4 个种中，在各地的变异和异常型被蝴蝶专家发现，被收藏家视为珍品。

乌苏里虎凤蝶异常型（石川佳宏提供）　　　　日本虎凤蝶 黄缘型（石川佳宏提供）

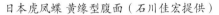

日本虎凤蝶 黄缘型腹面（石川佳宏提供）

日本虎凤蝶 赤带型（石川佳宏提供）

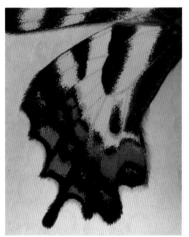

日本虎凤蝶翅脉 赤带型后翅过剩翅脉（石川佳宏提供）

日本虎凤蝶 黑太带型（现已灭绝）（石川佳宏提供）

日本虎凤蝶 黄带型（石川佳宏提供）

中华虎凤蝶异常型（石川佳宏提供）

中华虎凤蝶异常型

中华虎凤蝶异常型

中华虎凤蝶异常型（右后翅中室内有蓬头状斑）

中华虎凤蝶异常型

2. 种的区别

（1）乌苏里虎凤蝶 *Luehdorfia puziloi*（Erschoff，1872)

形态特征：翅展 48~58mm。雌雄同型。体黑色具黄毛，翅面黄色，斑纹黑色。前翅中室及中室端有 6 条黑色纵带，中室后方有 2 条黑色纵带。靠近翅尖第 1 个细而小的条形黄斑和后方 7 个条形黄斑排列整齐，无错位。后翅外缘锯齿凹处有 4 个黄色半月斑，内侧黑带上嵌有蓝斑，臀角蓝斑大而明显。内侧有 5 个新月红斑，仅有 2 个清晰且相连，其内侧的黑色斑细小。中室的黑带与其下的黑带分离。后缘密生黄毛。尾突较短。前后翅腹面脉纹明显，5 个红斑清晰。

分布：中国辽宁、吉林；朝鲜半岛，日本北海道、本州，俄罗斯符拉迪沃斯托克等地。

寄主：细辛。

亚种：

指名亚种 *L. puziloi puziloi* 分布于中国东北，俄罗斯、日本；

临江亚种 *L. puziloi lingjangensis* 分布于中国吉林、辽宁；

南韩亚种 *L. puziloi coreana* 分布于韩国；

本州亚种 *L. puziloi inexpecta* 分布于日本本州；

北海道亚种 *L. puziloi yessoensis* 分布于日本北海道。

乌苏里虎凤蝶标本图

乌苏里虎凤蝶生态图（袁屏提供）

乌苏里虎凤蝶雌性臀袋图

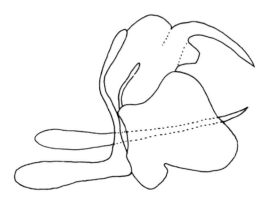

乌苏里虎凤蝶雄性交尾器图

（2）日本虎凤蝶 *Luehdorfia japonica* Leech，1889

形态特征：翅展 60~70 mm。雌雄同型。体黑色具黄毛，翅面黄色，斑纹黑色。前翅中室及中室端有 6 条黑色纵带，中室后方有 2 条黑色纵带。靠近翅尖第 1 个细而小的条形黄斑和后方 7 个条形黄斑排列明显错位。后翅外缘锯齿明显尖出，内侧有 4 个橙色半月斑，内侧黑带上嵌蓝斑，臀角蓝斑大而明显。内侧有模糊的新月红斑，仅有 2 块清晰且相连，其内侧的黑色斑呈条状或点状。中室的黑带与其下的黑带分离。后缘密生有黄毛。尾突较长。前后翅腹面脉纹明显，5个红斑清晰。

　　分布：日本南半部的部分地区。

　　寄主：日本细辛及细辛属多种植物。

日本虎凤蝶标本图

日本虎凤蝶生态图

日本虎凤蝶雌性臀袋图（石川佳宏提供）

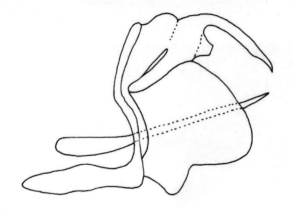

日本虎凤蝶雄性交尾器图

（3）中华虎凤蝶 *Luehdorfia chinensis* Leech，1893

　　形态特征：翅展59~65 mm。雌雄同型。体黑色具黄毛，翅面黄色，斑纹黑色。前翅中室及中室端有6条黑色纵带，中室后方有2条黑色纵带。靠近翅尖第1个细而小的条形黄斑和后方7个条形黄斑排列整齐，无错位。后翅外缘锯齿凹处有4个黄色半月斑，内嵌蓝斑，臀角蓝斑大而明显。内侧有5个新月红斑，雄蝶红斑较淡，上方的黑色短线细而模糊，雌蝶红斑较深，上方的黑色短线略粗且清晰。中室的黑带与其下的黑带分离。后缘密生有黄毛。尾突较短。前后翅腹面与正面基本相似。

　　分布：长江中下游和秦岭山脉。

　　寄主：长江中下游的虎凤蝶寄主植物为杜衡，秦岭山脉等地的虎凤蝶寄主植物为细辛。

　　亚种：

　　指名亚种 *L. chinensis chinensis* 分布于中国长江中下游；

　　华山亚种 *L. chinensis huashanensis* 分布于中国秦岭山脉。

中华虎凤蝶标本图

中华虎凤蝶生态图

中华虎凤蝶雌性臀袋图

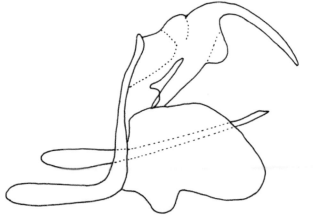

中华虎凤蝶雄性交尾器图

（4）长尾虎凤蝶 *Luehdorfia longicaudata* Lee，1982

　　形态特征：翅展 58~67 mm。雌雄同型。体黑色具黄毛，翅面黄色，斑纹黑色且较宽。

前翅中室及中室端有 6 条黑色纵带，中室后方有 2 条黑色纵带。靠近翅尖第 1 个细而小的条形黄斑和后方 7 个条形黄斑排列略偏位。后翅外缘锯齿尖出，内侧有 4 个黄色半月斑，内侧黑带上嵌有蓝斑，蓝斑小而不明显。内侧有清晰的新月红斑，其内侧的黑色斑较粗。中室的黑带与其下的黑带相连或愈合。后缘密生有黄毛。尾突长。前后翅腹面脉纹和部分脉间纹明显。

分布：陕西秦岭、甘肃。

寄主：高脚细辛。

注：《中国蝶类志》（周尧，1994）指出长尾虎凤蝶 *L.longicaudata* Lee 是无效名，以太白虎凤蝶 *L.taibai* Chou 为名作为新种发表。

长尾虎凤蝶标本图

长尾虎凤蝶生态图（卢迪提供）

长尾虎凤蝶雌性臀袋图

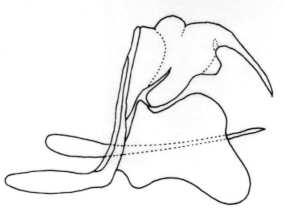

长尾虎凤蝶雄性交尾器图（仿渡边康之）

第三章　中华虎凤蝶的研究

1. 生物学特性

（1）成虫

成虫各部位名称

前翅长　触角　前缘　翅顶　亚外缘

第3黑条　第2黑条　第1黑条

黄色斑　青色斑　红色斑　臀角

后缘　外缘　亚外缘　尾状突起

后缘

成虫背面各部位名称

前翅　　　　触角　复眼　下唇须　喙

头部
胸部
腹部
后翅

前足
中足
后足

成虫侧面各部位名称

　　每年惊蛰的一声春雷,将万物唤醒,在惊蛰和春分时节之间,长江中下游两岸的山野里,落叶林的山坡上落满了枯叶,枯叶下有马兜铃科细辛属的植物叶芽破土而出,这就是多年生草本植物杜衡 (*Asarum forbesii* Maxim.) 和细辛 (*Asarum heterotropoides* F. Schmidt) , 在有阳光的坡地上,寄主植物会和较早出芽的其他植物同时钻出枯叶之上。杜衡叶面绿色,叶片呈宽心形或肾状心形。细辛叶面绿色且疏被短绒毛,叶片心形或卵状心形。

寄主植物杜衡

寄主植物细辛

栖息地里的落叶林

就在寄主植物发芽生长、钻出枯叶之上的时候，树桩裂缝中或其他隐蔽处，中华虎凤蝶开始羽化，羽化时间一般会在上午8：30至11：30，偶尔也有在晚上9：00至10：00羽化。

每年2月下旬，当栖息地北坡和南坡背阴处达到8.2~12.6℃时，有少数蛹就会提前羽化。蛹内虫体利用血压胀破蛹壳，有从蛹体头部和胸部腹面沿触角外线下裂至触角端横向裂开，也有的从蛹体头部和胸部背面的中线纵向裂开。最先从蛹里出来是头部1对棒状触角、胸背和足，然后靠体液的压力使整个身体离开蛹壳，蜕下的蛹壳上可见到腹面腹部第4、5节之间的间节膜。羽化的成虫会先爬动约5分钟后，选择一处可以用足抓住的地方，在下面悬挂起来，这时的身体长度比未伸展的翅长一倍。双翅的伸展是血淋巴液通过翅脉进入双翅，翅脉鞣质化完全变硬时长约60分钟。腹部末端可见体液排出。

羽化过程

01 中华虎凤蝶羽化的生境

02 羽化之初，蛹的头部先裂开，胸背中线出现裂缝（10：24）

03 成虫的头和胸部先后伸出蛹壳外（10：27）

04 成虫爬出蛹壳（10：27）

05 空蛹壳分离的勺形胸片，腹部腹面第4、5节之间的间节膜呈开放状

06 爬出蛹壳的成虫会排出赭黄色的"蛹便"（10：29）

07 未展翅之前会到处爬动（10：29）

08 它在寻找一个可以悬挂展翅的地方（10：29）

09 不小心从小枝上掉落在地上（10：30）

10 终于找到可以悬挂展翅的叶缘（10：31）

11 开始伸展翅翼（10：33）

12 皱着的后翅伸展迅速（10：56）

13 伸一伸足，调整一下悬挂着的位置（11：10）

14 翅翼展开的同时，喙会不断地伸卷（11：15）

15 皱着的翅翼基本展开（11：21）

16 翅翼开始微微地抖动（11：28）

17 羽化完成（11：30）

18 约 60 分钟后就可以飞翔了

19 末期羽化的成虫，有的没能爬出蛹壳（2019.3.25）

20 中华虎凤蝶羽化之最：这只中华虎凤蝶是 2014.12.5 羽化的，与正常羽化期对照，约提前了 100 天

21 提前羽化（2020.2.5）

22 这只中华虎凤蝶2.23羽化，翅翼一直未能展开，3.16死亡

23 提前羽化（2019.2.16）

24. 中华虎凤蝶首张生态图
（1980.3.10摄于南京蒋王庙西坡）

25. 雪地里的中华虎凤蝶（2019.2.16）

　　近年来，在长江下游的部分栖息地，有中华虎凤蝶提前羽化的记录，有学者认为这和气候变暖有一定关系。

　　中华虎凤蝶最先羽化的大多是雄蝶，雄蝶喜欢在山顶林间空地或山径上来回地飞动，这是山顶和领域的占有飞翔，雄蝶见蝶就追，若是同性则驱赶对方，若是雌蝶则紧追不放，这是寻觅飞翔；雄蝶羽化几天后若一直没见到雌蝶或未能与之交尾，则会飞到附近栖息地，这是迁栖飞翔；雌蝶在栖息地如遇连续几天的下雨，会停栖在叶背面或枝杆下，等着天气放晴，天转好后会做徘徊飞翔（表3-1~表3-3）。

表 3-1　中华虎凤蝶羽化期

年份（年）、地点	雄（♂）			雌（♀）		
	始期	高峰	末期	始期	高峰	末期
1984 紫金山	3 月 7 日	3 月 16 日	4 月 1 日	3 月 11 日	3 月 20 日	3 月 28 日
1989 老山	3 月 6 日	3 月 14 日	3 月 28 日	3 月 8 日	3 月 13 日	3 月 23 日
1992 花山	3 月 3 日	3 月 11 日	3 月 26 日	3 月 7 日	3 月 16 日	3 月 30 日

　　中华虎凤蝶分布在我国 12 个省市，会因气候、海拔等不同，羽化时间有所不同。

　　中华虎凤蝶成虫期除了交尾外，就是寻访各种蜜源植物。栖息地的中华虎凤蝶成虫期约 22 天。

表 3-2　中华虎凤蝶生活史（2018，南京）

	3月			4月			5月			6月至次年3月
	上旬	中旬	下旬	上旬	中旬	下旬	上旬	中旬	下旬	
虫态	△	△								
	+	+	+							
		○	○	○						
			----	----	----	----				
							△	△	△	△　△　△

注：△蛹期；　＋成虫期；　○卵期；　---- 幼虫期

表 3-3　1980—2021 年南京紫金山中华虎凤蝶成虫羽化观测

南京紫金山·中华虎凤蝶成虫羽化始期、高峰期、末期观测图表（1980—2021）

三十只											
二十只											
十只											
	二月 三月	二月 三月	二月 三月	二月 三月	二月 三月	二月 三月	二月 三月	二月 三月	二月 三月	二月 三月	二月 三月
	一九八〇年	一九八一年	一九八二年	一九八三年	一九八四年	一九八五年	一九八六年	一九八七年	一九八八年	一九八九年	一九九〇年
三十只											
二十只											
十只											
	二月 三月	二月 三月	二月 三月	二月 三月	二月 三月	二月 三月	二月 三月	二月 三月	二月 三月	二月 三月	二月 三月
	一九九一年	一九九二年	一九九三年	一九九四年	一九九五年	一九九六年	一九九七年	一九九八年	一九九九年	二〇〇〇年	二〇〇一年
三十只											
二十只											
十只											
	二月 三月	二月 三月	二月 三月	二月 三月	二月 三月	二月 三月	二月 三月	二月 三月	二月 三月	二月 三月	二月 三月
	二〇〇二年	二〇〇三年	二〇〇四年	二〇〇五年	二〇〇六年	二〇〇七年	二〇〇八年	二〇〇九年	二〇一〇年	二〇一一年	二〇一二年
三十只											
二十只											
十只											
	二月 三月	二月 三月	二月 三月	二月 三月	二月 三月	二月 三月	二月 三月	二月 三月			
	二〇一三年	二〇一四年	二〇一五年	二〇一六年	二〇一七年	二〇一八年	二〇一九年	二〇二〇年	二〇二一年		

注：2~3 月间的竖线为观测次数，中间最长竖线为高峰期，左边短竖线为羽化始期，右边短竖线为末期

翩翩飞舞

雄蝶觅到雌蝶后，雄蝶会先尾随雌蝶在空中飞上一会儿，然后两只蝶会一同飞落，它们交尾的地方大多是草丛中或枝叶上，交尾姿势一般是雌蝶用足抓住物体，雄蝶的足则是紧紧地抱住雌蝶的胸部。交尾过程中，有时还会飞来另一只雄蝶，围绕在四周，用翅翼不断地扇打着交尾中的雄蝶，此时的雄蝶毫无反抗之意，雌蝶感到不适后，会拖着一动不动的雄蝶飞离交尾区域。雌蝶交尾时腹部末端会产生薄片状棕色的角质臀袋，角质臀袋是雄蝶不断地分泌体液，将腹部鳞毛粘在上面而形成的，中华虎凤蝶的角质臀袋呈不规则方形。角质臀袋的产生使得雌蝶不能再次交配，而雄蝶在几天内可再交尾 3~4 次，随着交尾次数的增多，其腹部的鳞毛会逐渐减少。在山林里见到的雌蝶，几乎都是羽化当天或隔天就完成了交尾，交尾时长约 20 分钟。

梁祝情缘

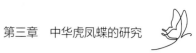

在山林里偶尔也能见到两只雄蝶互相追逐，时而林缘相随，时而高空翻飞，甚至有一只将另一只扑打在地的情景。有学者认为这是中华虎凤蝶雄蝶有领地占有的习性表现。

在栖息地雌雄交尾有安静类和闹腾类，安静类是从交尾开始到结束，除了腹部末端有摩擦外，基本上一动不动。闹腾类是属于从交尾开始就上下扑腾，一刻都不闲着，这种情况可能是雌蝶之前已交尾过并衍生出了臀袋，使之无法交尾。

蝶恋花

在南京，与中华虎凤蝶同期羽化的早春蝶类有：菜粉蝶、黑纹粉蝶、橙翅襟粉蝶、红灰蝶、霓纱燕灰蝶、琉璃灰蝶等。3月底出现的春型柑橘凤蝶，与中华虎凤蝶有些相似，但体型大于中华虎凤蝶，后翅上没有红色斑，飞行速度也比中华虎凤蝶快了许多。这一时段所见到的朴喙蝶、琉璃蛱蝶、大红蛱蝶等成虫都是越冬而来的蝶类。

生灰蝶

中华锯灰蝶

尼采梳灰蝶

橙翅襟粉蝶

红灰蝶

琉璃灰蝶

柑橘凤蝶

菜粉蝶

黑纹粉蝶

布莱荫眼蝶

霓纱燕灰蝶

点玄灰蝶

蓝灰蝶

黄尖襟粉蝶（雄）

宽边黄粉蝶

朴喙蝶

琉璃蛱蝶

大红蛱蝶

黄钩蛱蝶

经过交尾的中华虎凤蝶雌蝶寻找到杜衡后，会将一粒粒珍珠般的卵产在叶子的反面。

雌蝶产下的第一粒卵

雌蝶产下的第二粒卵

产卵的一瞬间

产第五粒卵

产第九粒卵

杉木林旁的栖息地

竹林旁的栖息地

（2）卵

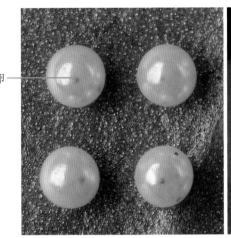

卵

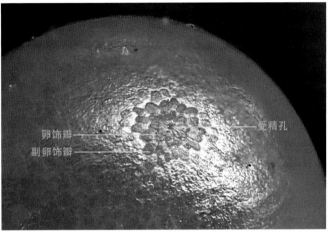

受精孔

卵饰瓣
副卵饰瓣

卵饰纹（廖庆东拍摄）

　　卵表面圆且光滑，呈半圆形，直径约 1 mm，每片叶下产卵数不等，平均 23 粒。卵期 20 余天，这期间卵表面颜色的变化是：外壳颜色变淡，略透明；卵的顶部和侧面出现淡淡的赭色斑点；颜色渐渐变深。卵孵化的前一天，可见到卵中偶尔蠕动的有着黑色头壳的虫体。孵化时幼虫会在卵壳里的顶部咬开一个缺口，缺口大小与幼体相同时，幼虫就会快速地爬出。以一片叶上有 12 粒卵观测，卵的孵化幼虫约在 66 分钟全部出壳。

卵孵化过程

01 快孵化的卵色由 20 天前的珍珠绿变赭黄色，
还出现了赭色斑

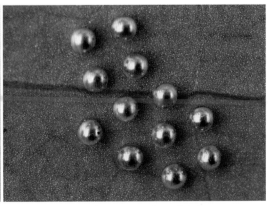

02 幼虫会在卵里用头壳顶着卵壳蠕动
（4 月 4 日 14：59）

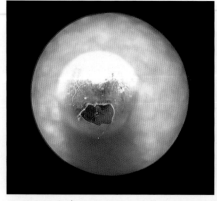

03 幼虫从卵壳里面咬了个口子（16：15）

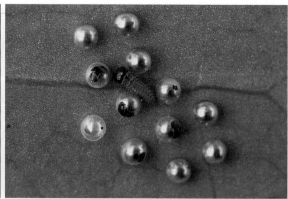

04 第一只咬破卵壳的幼虫爬出来（16：17）

05 第二只（16：19）

06 第五只（16：37）

07 第六只（16：42）

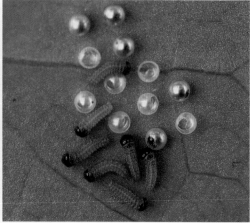

08 第七只（16：53）

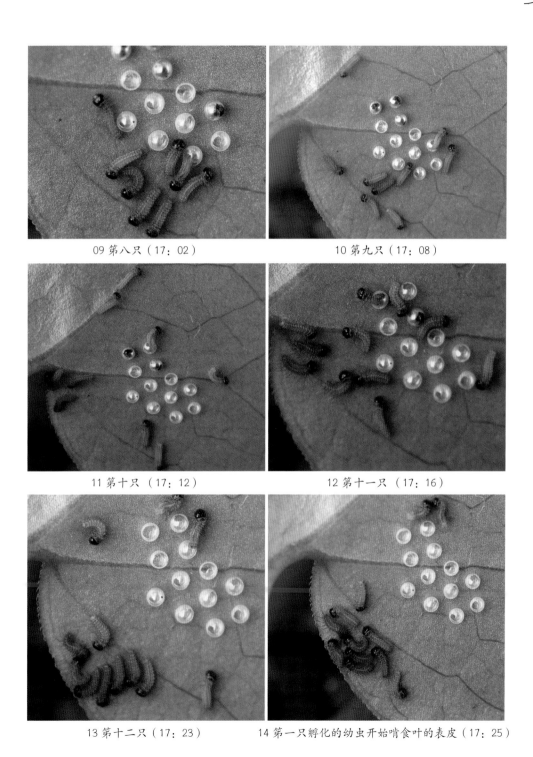

09 第八只（17：02）

10 第九只（17：08）

11 第十只（17：12）

12 第十一只（17：16）

13 第十二只（17：23）

14 第一只孵化的幼虫开始啃食叶的表皮（17：25）

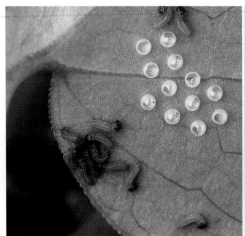

15 其他幼虫也陆续参加进来（17：26）

16 花了5分钟时间就啃出个叶洞（17：31）

17 幼体胸部颜色呈现出取食杜衡叶后的灰绿色（17：31）

在栖息地还会看到，才产出几天的卵就开始有凹瘪现象，约20天叶片上的卵全部干瘪。有学者认为这些是未受精的卵。

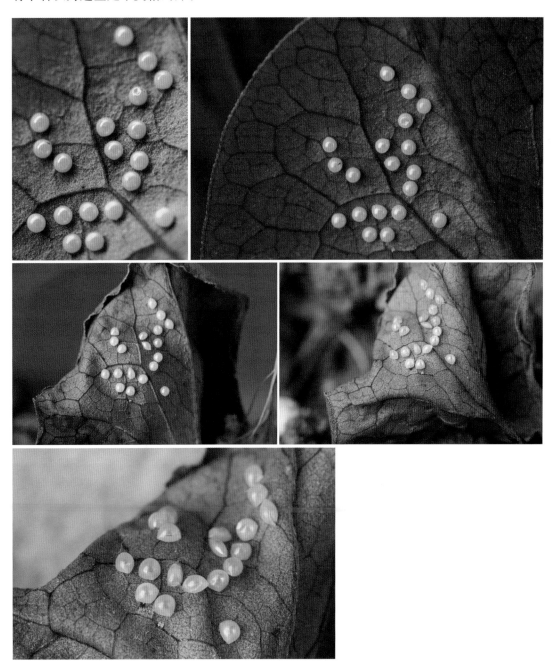

中华虎凤蝶在杜衡上产卵，少的有 2~4 粒，多的有 30~40 粒，平均 19 粒。卵常见的排列基本上都在一条线上，横竖两行相邻的 3 粒卵呈等边三角形。分散产的较少见。

发育中的卵自行脱落（此现象少见）　　　　　　　　　　　　　　　　卵粒排列整齐状（较多见）

卵粒分散状（较少见）

未受精的卵

两行卵中3粒相邻往往呈等边三角形

据1997年4月7日南京汤山中华虎凤蝶科教基地第二保育室对卵孵化的记录可以看出，一天中孵化高峰为9：00~14：30，7：00~9：00和14：30~18：30，孵化数基本相同。

（3）幼虫

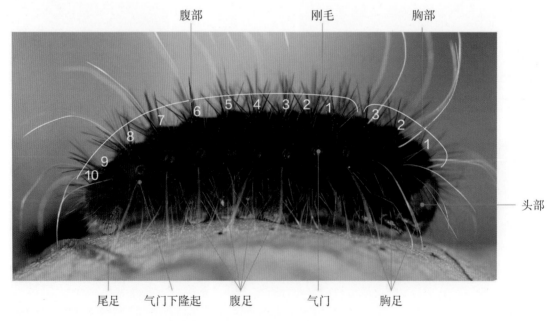

幼虫各部位名称（以刚蜕皮四龄幼虫侧面为例）

1）一龄幼虫：刚孵化的幼虫身体长度约 1.70 mm，头壳黑色，表面光滑。虫体色浅，有 46 根原生刚毛。最先孵化的几头幼虫会在叶反面中下部表皮上啃食叶肉，啃食成洞状后，其他幼虫都会围过来在洞边啃食，洞会越来越大，取食叶子时一头挨着一头。最先啃食的幼虫会先行离开叶洞处，可见到它们的身体内上半部有绿色显现，这是刚食的叶色透过皮肤所致。一龄幼虫第一次取食约 6 分钟。停止取食后，幼虫先后爬向叶的一端，还会一头挨着一头聚在一起。一龄幼虫生长期约 9 天，这期间虫体变化是：浅色，体背偏绿色，体色先转变为中黑色，再转变为黑色。在第 1 胸节和第 1~8 腹节两侧的 9 对气门近圆形，不明显。转龄前头壳后方膨大，体色略浅，且有光泽。中期体长约 3.30 mm，末期体长约 3.10 mm。进入休眠期约 1 天，休眠期不取食，幼虫蜕皮在叶上完成。

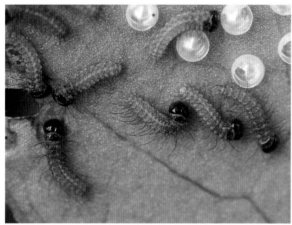

第一次取食后身体的颜色

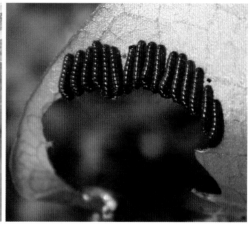

齐头并进取食

不取食时会聚在一起

受惊吓会自前胸背面翻出"∨"形臭腺

第 3 天的幼虫

一龄幼虫蜕皮过程

蜕皮完成

2）二龄幼虫：完成第一次蜕皮的幼虫身体会长出许多次生刚毛，在胸腹部上形成明显的毛丛。初期体长约 4.40 mm，头壳黑色，身体黑色。二龄幼虫生长期约 4 天，这一期间虫体的第 1 胸节和第 1~8 腹节两侧的 9 对气门呈圆形，较清晰。转龄前末期幼虫基本不取食，聚集在叶的上方一动不动。头壳后方膨大，体色略浅，且有光泽。中期体长约 5.70 mm，末期体长约 5.50 mm。进入休眠期约 2 天。蜕皮前幼虫会不断抬头，蜕皮在叶上进行，没有扩散现象。

第 1 天的幼虫

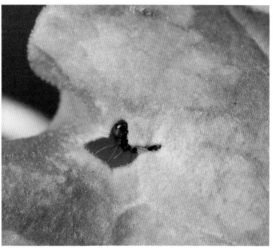
第 2 天开始取食

天敌蜘蛛

第 3 天蜕皮前排粪

挤在一块前后蜕皮   蜕皮后

二龄幼虫蜕皮过程

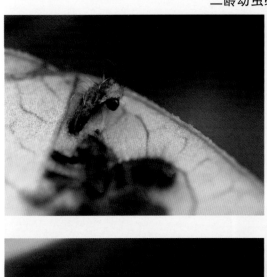

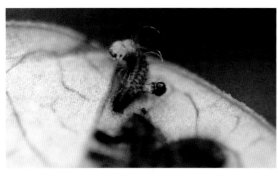

3）三龄幼虫：蜕皮后进入三龄的幼虫，初期体长 6.60 mm，头壳黑色，在第 1 胸节和第 1~8 腹节两侧的 9 对气门呈椭圆形，且清晰。幼虫受惊吓会自前胸背面翻出"V"形臭腺或掉落草丛中"假死"。转龄前头壳后方膨大，体色略浅，且有光泽。中期体长约 9.90 mm，末期体长约 9.60 mm。进入休眠期约 1 天。蜕皮前部分幼虫会爬到其他叶片或地上。

食量开始大增

第 2 天可见 9 对气门

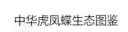

第3天　　　　　　　　　　第4天不取食

蜕皮前开始叶上叶下的爬动　　受到惊吓出现"假死"现象同时伸出臭腺

三龄幼虫蜕皮过程

4）四龄幼虫：蜕皮后进入四龄的幼虫，取食量大增。初期体长 9.80 mm，头壳黑色。转龄前有一定距离的爬动。头壳后方膨大，体色略浅，且有光泽。中期体长约 17.80 mm，末期体长约 17.40 mm。四龄幼虫休眠期约 2 天。蜕皮前幼虫会爬到其他叶片或地上。

第 1 天　　　　　　　　　　　　　天敌

第 2 天　　　　　　　　　　　　　　　第 3 天

四龄幼虫蜕皮过程

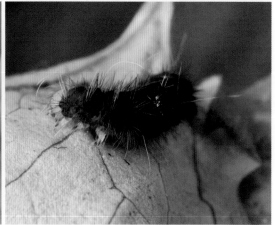

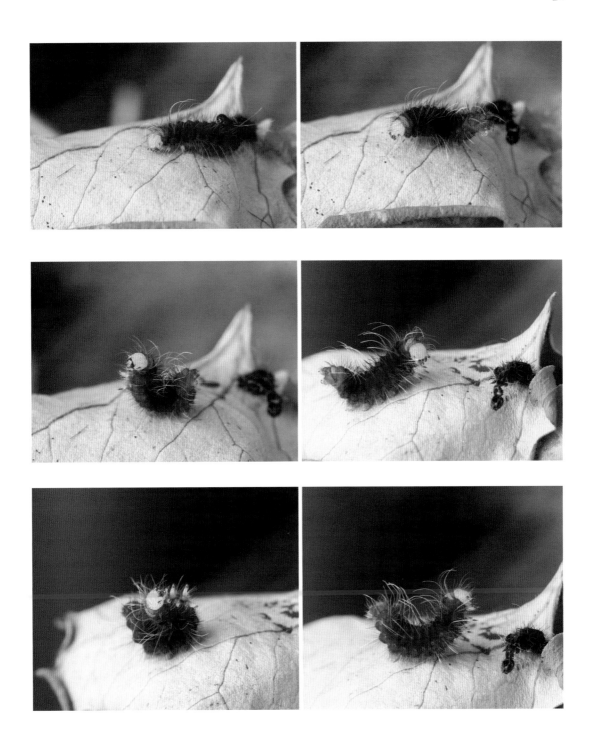

5）五龄幼虫：蜕皮后进入五龄的幼虫，取食量大增，初期体长 17.60 mm，头壳黑色。在第 1 胸节和第 1~8 腹节两侧的 9 对气门呈长椭圆形，筛板清晰可见。少数五龄幼虫体内有流出液体而死的现象。受冲击或震动，有假死现象。转龄前不再取食，有强烈的扩散行为，幼虫会快速地爬动，沿沟谷向上爬。到远离杜衡生长区域几十米甚至百米以外的地方去预蛹，预蛹前会排出粪便，并伴有液体。预蛹处一般会选择离地面约 20 mm 以上的树干背阴面或质地较厚的枯叶朝下的一面，这一时段幼虫的体色略有光泽。幼虫中期体长约 28.30 mm，末期体长 26.50 mm。约 1 天半后，五龄幼虫开始蠕动，前胸皮有了皱叠，腹部表皮下可见到不断地"鼓起"，还会不断地抬头低头，这是在用纺丝器吐出的丝织一个丝垫，织好丝垫再将趾钩钩入丝垫里。钩入丝垫里有两种方式：①织好丝垫后直接向前爬，将趾钩对准丝垫，来回蹭擦几下钩入丝垫。②织好丝垫后向后转身，再将其趾钩对准丝垫，来回蹭擦钩入丝垫。最后，五龄幼虫还会在胸部两侧左右来回地织出倒 Y 形的丝圈，幼虫钻入丝圈后就进入了预蛹阶段。预蛹体长约 20.00 mm。预蛹形成时体内还是幼虫的构造，约 40 小时后，已是一个包着幼虫表皮的蛹了。五龄幼虫也有不织丝垫和丝圈预蛹的现象。

约 2 天半后，钻入丝圈的幼虫会不断地蠕动身体，这是准备蜕皮化蛹的前奏，化蛹前幼虫黑色的表皮呈光滑状，像是被充了气似的。蜕皮是在幼虫胸背中部先裂开一道小口，随着虫体剧烈地左右扭动，约 3 分钟就能蜕下黑色的表皮，刚化蛹的体色淡黄且湿润，翅芽淡绿色。蛹体约 1 天后表面硬化定型，呈深褐色。

五龄幼虫

少数五龄幼虫体内有流出液体而死的现象

中华虎凤蝶各龄幼虫和休眠期天数见表 3-4。

表 3-4　中华虎凤蝶各龄幼虫期和休眠期天数（南京，1985）

龄期	一龄		二龄		三龄		四龄		五龄	
	虫期	休眠期	虫期	休眠期	虫期	休眠期	虫期	休眠期	虫期	休眠期
起讫时间/月、日	4.8~4.11	4.12~4.13	4.14~4.17	4.18	4.19~4.22	4.23	4.24~4.26	4.27~4.28	4.29~5.7	5.8~5.11
持续天数/d	4	2	4		4		3	2	9	4

幼虫期与栖息地

寄主植物上织臀丝垫、织丝圈过程

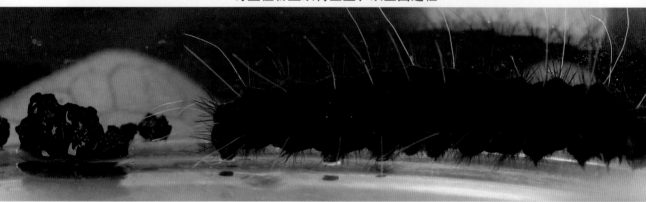

预蛹前五龄幼虫在排粪便

寻找织臀丝垫的地方（16:05）　　　　　选中了这里（16:22）

开始织臀丝垫（16:22）　　　　　　织好臀丝垫后将趾钩插入（16:40）

臀丝垫　　　　　　　　　　　开始织丝圈（16:44）

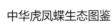

织丝圈结束（17:30）　　　　　　　　　　钻入丝圈

石片上织丝圈过程

开始织丝圈

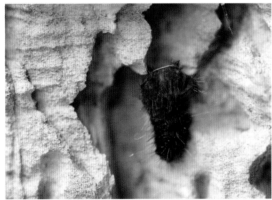

织丝圈结束   钻入丝圈

树皮上织臀丝垫、织丝圈过程

织臀丝垫 趾钩插入丝垫

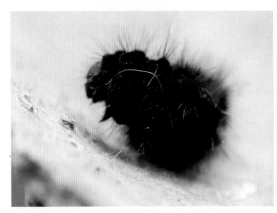

开始织丝圈

织丝圈结束

钻入丝圈

预蛹

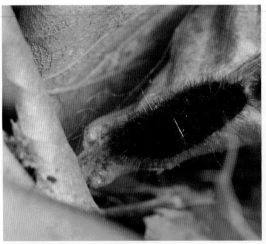

枯叶上的预蛹　　　　　　　　　　　树干上的预蛹

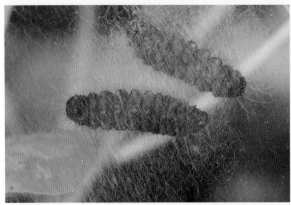

玻璃上显出腹面的预蛹，
预蛹时首先会在附着物上织出一片薄丝网

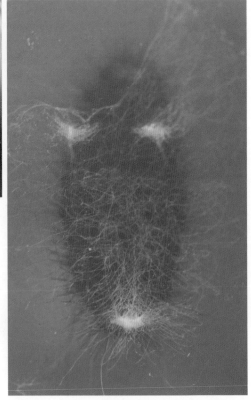

玻璃上预蛹腹面的丝垫、
丝圈附着点位置

难得一见的预蛹方式

 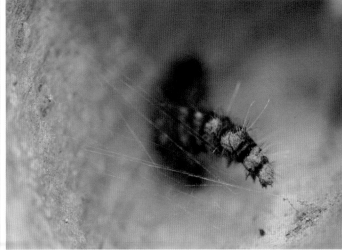

预蛹局部图

背面

侧面

头、胸部

腹面

尾足、趾钩

一至五龄蜕皮

一龄蜕皮

二龄蜕皮

三龄蜕皮

四龄蜕皮

五龄蜕皮

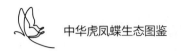
叶上化蛹 11 小时蛹色的变化

枯叶上的蛹

预蛹

4 月 30 日 9:06 开始化蛹

9：09

9:10

9：12

9:13

9:15

9:38 完成化蛹

9:45 蛹开始定色

12:00

14:51

20：05 蛹定色完成

化蛹后 1 小时的蛹色

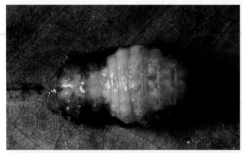

背面：刚化蛹的蛹体表面有黏液，待干燥硬化
后才会形成近圆形的多边形突起

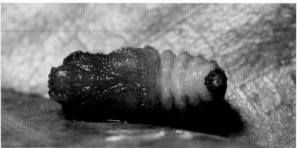

腹面：分泌的黏液将蛹体上的触角、翅函等处
的芽体包在透明的包被中

侧面：胸部前的翅芽浅绿色

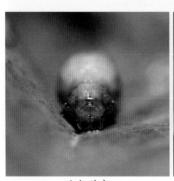

头与胸部

腹部末端

化蛹后 5 小时的蛹色

背面

腹面

侧面

头

腹部末端

玻璃上化蛹

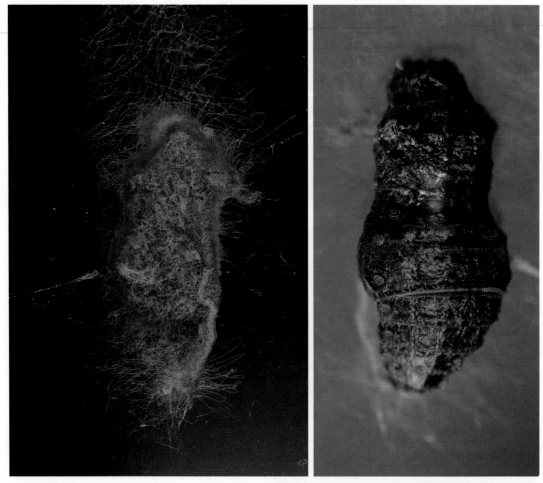

| 腹面 | 背面 |

（4）蛹

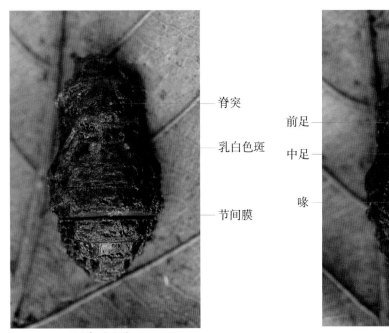

蛹背面名称 ｜ 蛹腹面名称

脊突
乳白色斑
节间膜

下唇须
前足
中足
喙
触角
前翅
肛门
臀棘

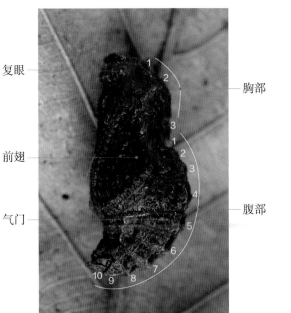

蛹侧面名称

复眼
前翅
气门
胸部
腹部

中华虎凤蝶蛹为缢蛹。蛹期从 5 月中上旬开始，一直到第二年的 3 月中上旬才结束。蛹是幼虫组织离解和成虫器官的逐渐形成，这一过程是同时发生逐渐取代的。从日本学者（Ishii 等，1983）对虎凤蝶属中日本虎凤蝶 *Luehdorfia japonica* 和乌苏里虎凤蝶本州亚种 *Luehdorfia puziloi inexpecta* 蛹的研究结果得出，蛹在 10 个月中有两次滞育的情况。中华虎凤蝶蛹的滞育也许与之相同。但在长江下游中华虎凤蝶栖息地有过 12 月初羽化成蝶的记录，提前羽化的中华虎凤蝶只经过了一次滞育（夏季滞育）。

蛹（野外人工保育）

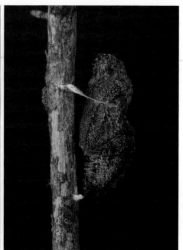

每年 5 月中上旬中华虎凤蝶进入蛹期，化蛹后到盛夏前蛹内具有很多脂肪体，蛹处于 0 级。

　　7~8 月中旬南京进入高温期，蛹开始了第一次滞育（夏季滞育）。

　　蛹内观察以前、后翅和头、胸、腹部为例：约在 8 月下旬至 9 月初解除第一次滞育后，蛹内脂肪体色呈现淡黄、淡蓝色；9 月初薄翅出现，内有多条白色线呈透明状；10 月初腹部体壁上出现细微精致的图纹；11 月中上旬前后翅形状完全形成，呈灰黄色，管状线明显，翅上斑纹色彩还未显现；12 月初后翅红斑呈模糊状，喙和足已形成，还能上下微微摆动；12 月中下旬前后翅呈赭黄色，条形斑纹出现，呈模糊状，后翅红斑明显，头、胸和腹部外结构形成，腹部末端布满鳞毛。此时的蛹处于 D_1 级，可以说中华虎凤蝶是"成虫"在蛹内越冬的；12 月下旬至次年 2 月上旬南京为低温期，低温期是蛹的第二次滞育（冬季滞育）；次年 2 月间翅色与斑纹为完成期。这期间如果连续几天都保持在 18~20℃，相对湿度在 50%~56%，在栖息地能见到羽化的成虫。每年 2 月间的温度会有不同，蛹内的翅色与斑纹定色定型期也会随温度变化而变化。

蛹内的变化

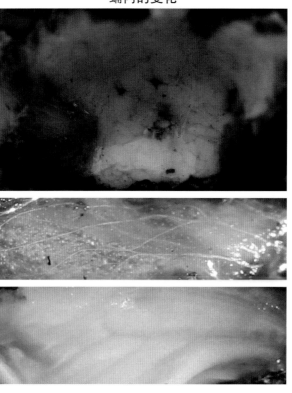

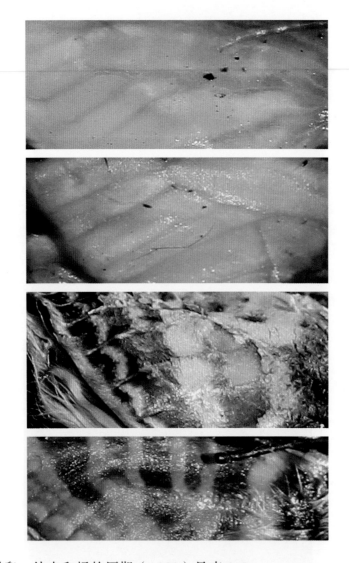

中华虎凤蝶卵、幼虫和蛹的历期（1983）见表3-5。

表3-5 中华虎凤蝶卵、幼虫和蛹的历期（1983）

虫态	卵	幼 虫						蛹（1983、1984年）
		一龄	二龄	三龄	四龄	五龄	预蛹	
x̄	24.2	9.1	4.2	3.3	6.4	9.2	4.0	305.5
S. D.	8.10	1.02	1.75	0.50	0.80	1.01	1.10	4.32

2. 天敌

　　中华虎凤蝶各虫态都有天敌的危害，成虫期天敌有鸟类中雀形目等的种类，捕食性的节肢动物中有蜘蛛、螳螂等。卵期天敌有寄生蜂等。幼虫期天敌有灰喜鹊、山雀、林蛙、步行虫、胡蜂、猎蝽等。蛹期天敌有蚂蚁等，刚化蛹的蛹体上有液状物质，会招引蚂蚁前来取食，并会从腹节处咬开一个口子，钻进蛹体继续取食。

蚂蚁从刚化蛹的腹节处开始咬食　　　　　　　　成虫被鸟啄食的残翅

成虫被蜘蛛丝缚住（引自粟田贞多男）　　　　卵上蜘蛛（引自粟田贞多男）

鸟　　　　　　　　　　　　　　幼虫被病毒感染

3. 各虫态局部图解

（1）成虫

成虫的身体由头部、胸部和腹部构成。

头部顶端具 1 对表面密集鳞状突起的棒状触角，触角各节上有感觉器，如锥形感器、鳞形感器、短形刺形感器和长形刺形感器。两侧具 1 对直径约 2 mm 的复眼，复眼中有六边形的小眼近 2 万个。下部具虹吸式口器，长度约 8.5 mm。口器的基部处具 1 对发达的下唇须，表面密被鳞毛。

胸部分为前胸、中胸和后胸，各着生 1 对足，称为前足、中足和后足，胸足上的基节、转节和腿节着生许多鳞片和鳞毛。中胸和后胸各着生 1 对翅，分别称前翅和后翅，翅面分布有大量鳞片。鳞片形状在不同区域有不同类型，中华虎凤蝶的鳞片有 4 种形状：翅面大部分区域为齿形花瓣状，前翅腹面后缘区域为竹叶状，后翅青蓝色斑区域为波形花瓣状，而杂草叶状鳞片则仅着生在翅外缘区域。

腹部包含有大部分的内脏器官，两侧具有呼吸用的气孔，雄蝶腹部末端外生殖器是由第 9、10 节特化而成，由钩形突、侧枝、囊形突、瓣片、阳茎和阳茎基环等部分组成；雌蝶腹部末端外生殖器是由第 8、9、10 节特化而成。这些骨质化的结构是重要的形态分类依据。

复眼（赵俊军摄）

触角（赵俊军摄）

喙

前足、中足、后足

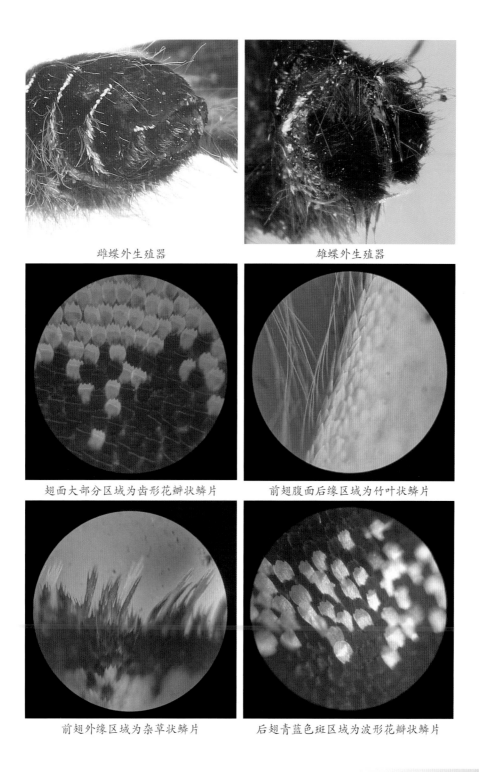

雌蝶外生殖器　　　　　　　　　　　　雄蝶外生殖器

翅面大部分区域为齿形花瓣状鳞片　　　前翅腹面后缘区域为竹叶状鳞片

前翅外缘区域为杂草状鳞片　　　　　　后翅青蓝色斑区域为波形花瓣状鳞片

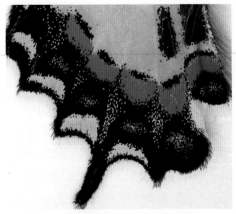

雌蝶后翅背面红斑和青蓝斑点　　　　　　　　雌蝶后翅腹面红斑和青蓝斑点

雌蝶红斑　　　　　　　　　　　　　　　　　雄蝶红斑

（2）卵

卵半圆形，淡绿色，表面光滑。卵粒直径 0.984 mm，高 0.771 mm，卵壳顶端中央为受精孔区，受精孔外腔呈不规则圆形，腔内有几个受精孔，呈环状排列。受精孔外腔有卵饰 4 轮，围绕受精孔外腔的一轮卵饰由 12 片菊花瓣状的饰纹组成。

（3）幼虫

幼虫形态为蠋形，躯体分为头部、胸部和腹部。头部有触角、单眼、口器等。胸部和腹部有气门、胸足、腹足等。幼虫有 13 个体节，胸部有 3 节，腹部有 10 节。各龄幼虫的头壳依不同龄期而不同：一龄表面光滑；二龄开始出现次生刚毛；四龄至五龄间，头壳表面除颅中沟、唇基等处，都有粗糙的颗粒状表皮出现。幼虫的头壳由坚硬的几丁质构成，表面光洁，有颗粒突起或密布细毛，头壳大小和斑纹可用于判断幼虫的龄期。幼虫正面具有倒"Y"形槽纹。幼虫触角位于头部两侧下缘、上颚外侧的膜状突起上，由 3 节组成。

触角上的刚毛属于机械感触毛，主要感受机械刺激；两侧靠近口器处各具 6 个侧单眼，侧单眼虽无法成像，但可以感光。口器为下口式，属咀嚼式，由上唇、下唇、上颚、下颚、纺丝器构成。幼虫共有 8 对足，其中胸足有 3 对，腹足有 5 对。胸足位于胸节，由基节、转节、脚节、胫节、跗节和趾节（爪）构成，是真正的足，蝴蝶成虫的足由幼虫胸足发育而成。腹足位于第 3~6 腹节以及第 10 腹节，其中第 10 腹节的腹足又称臀足。腹足不是真正的足，不分节，由基部和趾组成，基部表面具刚毛，趾无刚毛，但底面有许多疣状突起，周围着生骨化的趾钩。一龄幼虫趾钩呈单序环状排列，二龄开始，趾钩数又有增加，排列方式变成双序中列式。趾钩是鳞翅目昆虫特有的结构，可增强抓地力。幼虫用气管呼吸，气门是气管在体表的开口，由表皮内陷形成，共有 9 对，其中胸部第 1 节两侧具 1 对，腹部第 1~8 节两侧各具 1 对。刚孵化的一龄幼虫体表覆有原生刚毛，会随着转龄蜕皮而脱落。幼虫的头壳和表皮需要通过蜕皮长大。每蜕一次皮，增加一个龄期。

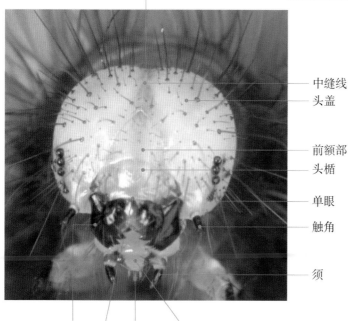

头顶三角部

中缝线
头盖

前额部
头楯

单眼

触角

须

大腮　上唇　吐丝管　下唇

四龄幼虫头部正面名称

臭腺

五龄幼虫头和胸

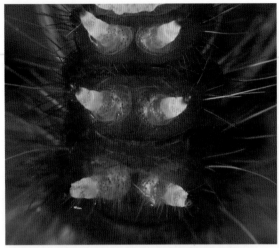

胸足（以刚蜕皮四龄幼虫为例）

五龄幼虫腹足

腹末足（又称尾足）
（以刚蜕皮四龄幼虫为例）

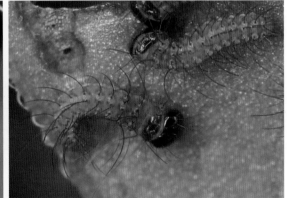

体色浅，有原生刚毛
（以刚孵化的一龄幼虫为例）

气门（以刚蜕皮四龄幼虫为例）

背面

腹面

（4）蛹

蛹体可见头部的触角、复眼、上唇、上颚、下唇和喙管，蛹体的胸部、腹部表面有诸多粗糙突起，后胸围有赭褐色丝圈，前胸有孔洞状凹形气门。第1腹节气门被翅所遮盖；第2~8腹节两侧的7对椭圆形气门清晰可见，其中第8腹节气门模糊。在腹部第10节末端，有几十根臀棘。坚硬的外壳是蛹安全度过蛹期的主要保障。蛹均长16.27 mm，蛹腹第4节均宽8.05 mm，蛹腹第4节均高7.45 mm，蛹均重0.349 3 g。

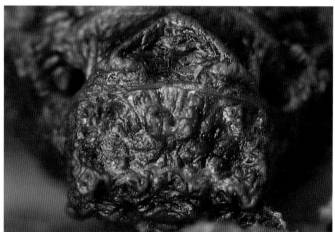

头部背面的突起

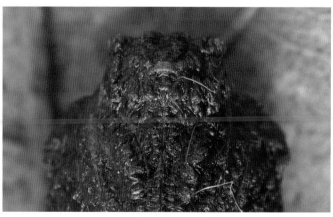

头部腹面的突起

末端部腹面的突起

臀棘与丝垫

气门

丝圈附着点的结构

五龄幼虫预蛹时因没有织臀丝垫，化蛹时虫体从丝圈中
滑出。丝圈基部呈倒"Y"状

第四章　寄主、蜜源植物及栖息地

　　我国马兜铃科细辛属植物约有 30 种，全草入药。中华虎凤蝶分布在秦岭山脉和长江中下游，分布在长江中下游的中华虎凤蝶寄主植物为杜衡，分布在秦岭山脉等地的中华虎凤蝶寄主植物为细辛。中华虎凤蝶的蜜源植物以堇菜属、蒲公英属等显花植物为主。在长江下游地区开花顺序为：3 月上旬有紫花地丁、犁头草、蒲公英和老鸦瓣等，中旬有延胡索、婆婆纳和诸葛菜等，下旬有紫堇、芸薹、桃花和樱花等。

1. 寄主植物

（1）杜衡 *Asarum forbesii* **Maxim.**

　　马兜铃科细辛属，多年生草本植物；根状茎短，根丛生，直径 1~2 mm。叶呈宽心形或肾状心形，生于茎端，长和宽均为 4~8 cm，先端钝或圆，基部心形。叶面深绿色，中脉两边有白色块斑，叶背淡绿色，有的叶背紫色；叶柄长 3~15 cm。花单生于叶腋，暗紫色，花梗长 1~2 cm；花被管钟状或圆筒状，酱紫色的脉纹藏于花内。肉质蒴果内有种子。花期 3~5 月，果期 5~6 月。

　　生于海拔 900 m 以下的阴湿山坡、浅沟两侧，或较平缓的坡地上。生长在阳光坡上的杜衡每年 9 月前后基本枯萎，而松竹林下的杜衡在 10 月中旬还能见到残茎败叶。

　　分布区域：江苏、安徽、浙江、江西、湖北、河南南部和四川东部。模式标本采自浙江梅溪。

寄主植物杜衡

叶腹面呈紫色的杜衡

11 月 10 日高淳区花山还可见到少量杜衡

杜衡破土而出的生长变化

2 月 19 日

3 月 1 日

2 月 26 日

3 月 4 日

3 月 11 日

3 月 14 日

3 月 18 日

杜衡花外形

杜衡花蕊

杜衡花壁

杜衡根茎

杜衡花与蚂蚁

细辛花与蚂蚁

与杜衡叶片近似的植物有细辛、辽细辛和折耳根等。

与杜衡叶片相似的植物

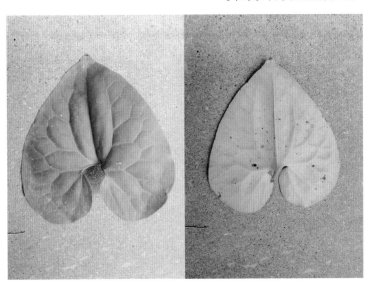

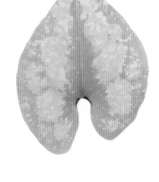

细辛正面　　　　　　　　细辛背面　　　　　　　　辽细辛正面

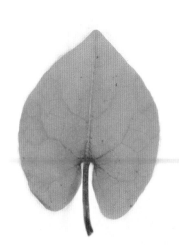

辽细辛背面　　　　　　　折耳根背面　　　　　　　折耳根背面

（2）细辛 *Asarum heterotropoides* F. Schmidt

马兜铃科细辛属，多年生草本植物；根状茎直立或横走，有多条须根。叶通常 2 枚，叶片心形或卵状心形，生于茎端，长 5~11 cm，宽 4~13 cm，先端渐尖或急尖，基部深心形，叶面绿色且疏被短茸毛，脉上毛密集，叶背仅脉上被毛；叶柄长 8~17 cm。花单生于叶腋，紫黑色；花顶端 3 裂，被管形似钟状，直径 1~1.6 cm，内壁有疏离纵行脊皱。肉质蒴果内有种子。花期 4~5 月，果期 6 月。

生于海拔 1 200~2 100 m 林下阴湿腐殖土中。排水良好的壤土或沙壤土，以及地势平坦的阔叶林林缘，是细辛最理想的栖息地。

分布区域：安徽、浙江、江西、湖北、河南、山东和四川；日本和朝鲜。模式标本采自日本。

细辛

2. 蜜源植物

（1）延胡索 *Corydalis yanhusuo* **W. T. Wang ex Z. Y. Su et C. Y. Wu**

罂粟科紫堇属，多年生草本植物，高 9~25 cm，全株无毛。茎直立或倾斜，常单一，基生叶 2~4 枚，叶片似竹叶状。总状花序顶生，长 2~5 cm，疏生花 5~15 朵，花冠淡紫红色。花期 3~4 月。

生于山地林下。

分布区域：河北、山东、江苏和浙江等地。模式标本采自浙江杭州。

延胡索

（2）紫花地丁 *Viola philippica* **Cav.**

　　堇菜科堇菜属，多年生草本植物，无地上茎，高 5~10 cm。叶片下部呈三角状卵形或狭卵形，上部者较长，呈长圆形、卵状披针形或圆状卵形。花中等大，紫色或淡紫色，稀呈白色，喉部色较淡并带有紫色条纹。花期 3~9 月。

　　性喜光，喜湿润的环境，生于田间、荒地、山坡草丛林或灌丛中。

　　分布区域：中国、日本、朝鲜、蒙古和俄罗斯等国。

紫花地丁

（3）桃 *Amygdalus persica* L.

　　蔷薇科桃属，叶椭圆状披针形，核果近球形。花芽每节 1~3 朵，多数品种以长枝作为开花枝条，花有单瓣、重瓣，色有粉红、深红、纯红、纯白及红白复色等。花与叶同发，而开花略占先。3 月中下旬开花。

　　桃喜光，耐旱。现已在世界温带国家及地区广泛种植。

　　分布区域：中国中部、北部。

桃花

（4）犁头草 *Viola japonica* Langsd. ex Ging.

堇菜科堇菜属，多年生草本植物，高 10~20 cm，主根粗短，黄白色。叶簇生根际，有长柄，叶片多为三角状卵形，形似犁头，长 3~8 cm，宽 2~4 cm，基部心形，边缘具疏齿，叶面绿色，背面稍带紫色。开淡紫色花。3 月上旬开花。

生于田野，路旁向阳、潮湿处。

分布区域：中国大部分地区。

犁头草

（5）蒲公英 *Taraxacum mongolicum* **Hand.-Mazz.**

菊科蒲公英属，多年生草本植物，叶边缘具波状齿或羽状深裂，基部渐狭成叶柄。头状花序直径 30~40 cm；总苞钟状，长 12~14 cm，淡绿色。舌状花黄色，舌片长约 8 cm，宽约 15 cm，边缘花舌片背面具紫红色条纹，花药和柱头暗绿色。2 月下旬开花。

生于中、低海拔地区的山坡草地、路边、田野、河滩。

分布区域：中国、朝鲜、蒙古和俄罗斯等国。

蒲公英

（6）诸葛菜 *Orychophragmus violaceus* (L.) O. E. Schulz

十字花科诸葛菜属，一年至二年生草本植物，高达50 cm，无毛；茎直立。基生叶及下部茎生叶大头羽状全裂，顶裂片近圆形或短卵形，侧裂片卵形或三角状卵形，叶柄疏生细柔毛。花紫色、浅红色或褪成白色，花萼筒状，紫色花瓣宽倒卵形，密生细脉纹。长角果线形。3~5月开花。

生于平原、山地、路旁或地边。

分布区域：辽宁、河北、山西、山东、河南、陕西和长江中下游。

诸葛菜

（7）阿拉伯婆婆纳 *Veronica persica* **Poir.**

玄参科婆婆纳属，多分枝草本植物，植株表面有柔毛。茎自基部分枝，下部伏生在地面上，叶片在茎基部对生，上部叶片互生。花单生于苞腋，花冠为淡蓝色，花瓣上有放射状的深蓝色条纹。花期3~5月。

生于路边、宅旁、旱地、夏熟作物田。

分布区域：华东、华中以及西部地区。

阿拉伯婆婆纳

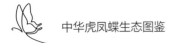

（8）老鸦瓣 *Tulipa edulis* **(Miq.) Honda**

百合科郁金香属，茎长 10~25 cm，通常不分枝，无毛。叶 2 枚，长条形，长 15~30 cm，宽 5~9 mm。花单朵顶生，被片狭椭圆状，披针形，长 20~30 mm，宽 4~7 mm，白色，背面有紫红色纵条纹，花柱长约 4 mm。花期 3~4 月。

生于山坡、草地及路旁。

分布区域：辽宁、山东、江苏、浙江、安徽、江西、湖北、湖南和陕西。

老鸦瓣

（9）紫堇 *Corydalis edulis* Maxim.

罂粟科紫堇属，一年生灰绿草本植物，高 20~50 cm，具主根，茎分枝，具叶。花枝花葶状，常与叶对生，茎生叶与基生叶同形。总状花序疏具 3~10 朵花，花粉红色至紫红色，平展。外花瓣较宽展，顶端微凹，无鸡冠状突起。3 月下旬开花。

生于丘陵林缘。

分布区域：华东及河北、山西、陕西等地。

紫堇

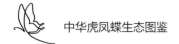

（10）芸薹 *Brassica campestris* **L.**

十字花科芸薹属，一年生或二年生草本植物，高 1 m 左右，茎粗壮，无毛或稍被微毛，基生叶及下部茎生叶呈琴状分裂。花序成疏散的总状花序，萼片 4 枚、绿色，花瓣 4 枚、鲜黄色，呈倒卵形，上具明显的网脉，排列成十字形。花期 3~5 月。

分布区域：中国大多数省份。

芸薹（油菜）

（11）东京樱花 *Cerasus yedoensis* **(Matsum.) Yu et Li**

　　蔷薇科樱属，树皮紫褐色，平滑有光泽，有横纹。叶椭圆形或倒卵状椭圆形，边缘有芒齿，表面深绿色，背面稍淡。花与叶互生，花每枝三五朵，成伞状花序，花瓣先端有缺刻，白色、红色。花于 3 月下旬先叶开放。

　　喜欢阳光和温暖湿润的气候环境。现已大量人工栽培，美化园林景区。

　　分布区域：中国和日本。

东京樱花

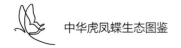

3. 不同类型的野生种群栖息地

中华虎凤蝶分布在我国秦岭山脉和长江中下游，秦岭山脉的栖息地海拔约 1 500 m，属高山类型。寄主植物为细辛。长江中下游各省主要栖息地有湖北长阳、湖南桃源、江西彭泽、安徽安庆、江苏南京、浙江杭州等地，栖息地海拔约 300 m，属低地类型。寄主植物为杜衡。

大巴山南麓以城口县为例：该县山高、坡陡、谷深，相对高差大，立体地貌明显。中华虎凤蝶栖息地在以乔木和灌木为主的低山河谷。

中游以湖南省桃源县乌云界为例：2009 年谭济才等人通过调查，在乌云界顶峰（海拔 929 m）发现了中华虎凤蝶较大的种群。栖息地在海拔较高的草丛地带，属于高山类型，分布着大量的细辛。2011 年何桂强等人在江西彭泽县境内的桃红岭考察，发现梅花鹿国家级保护区内的中华虎凤蝶有个很大的种群。在多而密集的寄主植物杜衡周围没有高度超过 2 m 的乔木，能遮挡其生长的灌木又是华南梅花鹿的主要食物，常被梅花鹿所取食。这里的梅花鹿就成了杜衡的"义务园丁"。

下游以南京花山为例：花山林相多样，以次生落叶林为主，玉泉寺通往山顶的坡地，为常绿、落叶混交林，林间植物层次错落，几条山溪汇入玉泉池中，湿度较大。山坡上分布着大片的杜衡，3 月中下旬就能见到中华虎凤蝶雌蝶在杜衡上产卵。此时的乔木灌木才刚刚发芽，林间有着充足的阳光。花山中华虎凤蝶栖息地属于低地类型。每年有适度的人为割草和砍材。林相下有适量的落叶和草枝覆盖，有利于中华虎凤蝶蛹越冬。

（1）部分栖息地中华虎凤蝶减少原因

1）有以"兴趣爱好、自然观察"为名，对成虫进行捕杀，将一定数量的卵或幼虫带回去饲养的。饲养过程中还会到栖息地对寄主植物杜衡进行大量的采挖。

2）有些公园或保护区简单地采取划地围栏方法，使得寄主植物上的灌木长年无人修剪。

3）栖息地破碎化及面积减少，野道纵横，防火土路改铺水泥路或沥青路。

4）在栖息地内或边缘修建人造景区、工业园区和别墅群等，导致小气候变化。

5）常绿树种的大量种植，如樟树、高杆女贞等，林相郁闭度过高，林下原有的寄主植物渐渐死去。

6）外来植物（加拿大一枝黄花等）在栖息地内逐年蔓延。

7）经济林和农作物大量栽种，大面积喷洒农药和除草剂等。

8）山溪和河道被改造成水泥槽渠。

（2）保护措施

1）严禁在栖息地内捕杀中华虎凤蝶成虫和对卵、幼虫进行采集，严禁盗挖寄主植物细辛、杜衡。每年3~5月要对核心区和卫星区进行严格管理。

2）定期对寄主植物细辛、杜衡上的灌木丛进行修剪或清理，林相郁闭度保持适中。

3）大面积常绿树种的种植要远离寄主植物细辛、杜衡。及时清理容易在栖息地大量繁殖的外来植物。

4）人工繁殖补充野生种群，该方法适宜在曾经有中华虎凤蝶分布，又多年未见其种群的区域，以恢复其分布和种群。但必须在科学的评估后进行。

5）一个或多个核心种群和数个卫星区组成了中华虎凤蝶在一个区域的分布，有其特定区域种群遗传的特异性。为增加种群的遗传变异和平衡遗传漂变的影响，可在本省或相邻的隔离种群区域进行一定数量的个体交换，虫态最好选择三、四龄幼虫。

6）在科普场馆和媒体宣传上，要规范对珍稀物种濒危程度、生态和科学价值的宣传内容。如2004年有报道"南京中华虎凤蝶近十年来，数量减少了2/3，已濒临灭绝的边缘，5年内可能灭绝"，这种缺乏科学依据的报道，对保护珍稀物种有时会起到反作用。

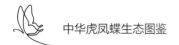
中华虎凤蝶曾经的栖息地现状

入侵植物加拿大一枝黄花

游人踏至野道致使水土流失

野道上刚出土的杜衡

扩大的宅基地

野道越走越宽

扩道前的杜衡沟

扩道后的杜衡沟被填平

开山取石

梯田式茶园

保护区里的菜地

林相郁闭度过高

杜衡被中草药采集人员挖掉

林相郁闭度过高　　　　　　　　　　　山道过车频繁

现存的栖息地

第五章　中华虎凤蝶栖息地的保育

1. 野外网罩保育

野外网罩保育用具有：大型框架网罩、中型帐式网罩、小型花盆网罩等，其中帐式网罩在中华虎凤蝶栖息地最为适用。

在栖息地找一处地势较高不易积水的地方，放上帐式网罩若干顶，用地钉固定，以防被大风吹走。取花盆若干个，栽种中华虎凤蝶寄主植物杜衡，放入帐内的左边，有带卵的杜衡最好。放入帐式网罩前要仔细检查有无天敌混入。一龄至三龄幼虫一顶帐内可饲养100头，四龄至五龄幼虫一顶帐内可饲养50头。换进新鲜杜衡的花盆可放在帐内的右边，吃完左边杜衡的幼虫会自行爬到右边新鲜的杜衡上去。这样在清除粪便时会节省很多时间。老熟幼虫预蛹前可放入质地较厚的树叶和枯树桩于背光处，化蛹后可连同树叶和枯树桩运至附近单个栖息地、卫星区栖息地进行蛹的适量补充。

1992年，南京科教蝴蝶博物馆汤山中华虎凤蝶保育教学基地，以蚊帐网罩，进行了为期4年对幼期中华虎凤蝶的网罩观测，对幼期虫态做了记录：1992年3月18日放入网罩内的100粒虫卵至5月7日前后化蛹数为87个，1993年3月29日放入网罩内的100粒虫卵至5月14日前后化蛹数为78个，1994年3月14日放入网罩内的100粒虫卵至5月9日前后化蛹数为82个，1995年4月2日放入网罩内的100粒虫卵至5月12日前后化蛹数为83个。

栖息地卵期帐罩保育观测点

帐式网罩保育法

铁网罩保育

2. 人工辅助交尾

　　每年 3 月中旬是中华虎凤蝶羽化高峰，在帐内羽化的成虫很少自行交尾，可进行人工辅助交尾。人工辅助交尾是个技术性很强的工作。首先要了解雌、雄蝶的生殖器结构，如雌蝶的肛门、产卵器和交配孔，雄蝶的抱握器和爪形突。雌蝶配对蝶可选择当天或次日羽化的，雄蝶配对蝶可选择 3 天前羽化的，因为雄蝶的外生殖器几丁质硬化和精子成熟需要一定的时间。雄蝶一般可交尾 3~4 次，每次需相隔 50 多个小时，每交尾一次其腹部末端鳞毛都会因摩擦而减少。

　　人工辅助交尾首先要将蝴蝶双翅合并，轻轻捏住雌、雄蝶的胸部，以雌蝶的腹部末端轻触雄蝶腹部末端，等到雄蝶抱握器张开的一瞬间，将其爪形突插在雌蝶产卵器的下方。交尾成功后，可将其轻轻放下，约 30 分钟它们会自行分开。

3. 保育地选择

　　选择林相郁闭度在 0.5~0.7 的落叶林间空地或林缘，以山地棕壤和森林腐殖质土为最好。林内溪流两侧土壤要疏松、肥沃、湿润，pH 值以 5.5~7.5 为宜。逢冬季伐掉部分小灌木或过密枝，保持透光率 50% 左右，寄主植物栽种地要呈南北向。在有寄主植物的缓坡沟谷上，修建保育专用步道。

4. 寄主植物的繁殖

　　杜衡、细辛的繁殖方法有种子繁殖、根茎繁殖和组织培养。

　　种子繁殖后代性状易分离，不能保持母株的优良特性。根茎繁殖速度慢，所需母株材料多。组织培养是繁殖最佳途径，但杜衡、细辛细胞分裂和分化，快速发育成新植株的技术，具有很强的专业性。如栖息地有一定数量的寄主植物，可采用根茎繁殖的方法。

　　根茎繁殖可选择在林缘谷边，于2月底3月初。分茎时先数一下这一丛中有多少芽苞和根茎，然后按比例分割成株。株上要求有1~2个芽苞和带有须根的根茎，栽下前要先施基肥，栽好后要在土壤干燥的时候适当浇水，保持土壤湿润。一年中可在春末和秋初进行追肥。

第六章　栖息地的同步调查和研究案例

1.2018 年南京中华虎凤蝶同步调查纪实

中华人民共和国生态环境部于 2016 年 3 月正式启动了全国蝴蝶观测工作。通过长期的、规范的蝴蝶监测分析蝶类种群组成、结构、多样性及其动态、趋势等，监测和预警气候变化对生态环境的影响，从生物层面上科学地反映气候变化对生态系统产生的作用。

2018 年 3 月 10 日，南京市环境保护宣传教育中心与南京中华虎凤蝶自然博物馆联合组织了"2018 年南京中华虎凤蝶同步调查"活动。这是我国首次针对南京地区的中华虎凤蝶种群受胁状况进行的一次大规模同步调查。

（1）同步调查为保护提供有效途径和措施

中华虎凤蝶每年在 3 月中上旬惊蛰节气前后羽化，也被称为"惊蛰蝶"。选择 3 月成虫发生高峰期进行同步调查，对一年一代的中华虎凤蝶尤为合适。本次同步调查的目的在于掌握中华虎凤蝶在南京的种群受胁情况和栖息地状况，为农林、环保部门提供真实可靠的保护动物种群受胁状况调研报告，从而研究针对中华虎凤蝶保护的有效途径和措施。

（2）同步调查涵盖南京数十座低山及丘陵

此次针对中华虎凤蝶的同步调查活动观测点，主要有南京的老山、紫金山、牛首山、幕府山、汤山、孔山、青龙山、横山、云台山、祖堂山、方山、无想山、东庐山、花山、游子山等数十座低山及丘陵，范围几乎涵盖南京全市，其中以曾经发现过的中华虎凤蝶栖息地为重点样线调查。

活动针对中华虎凤蝶栖息地、种群数量、生态地貌等进行调查记录。

（3）首次通过直播形式跟踪调查

本次同步调查是国内首次针对南京地区的中华虎凤蝶种群受胁状况进行的同步调查，也是首次采用多地点直播的方式对调查过程进行跟踪记录。

调查活动中，由相关蝴蝶专家及爱好者组成的野外调查队伍在主要调查基地老山进行同步观测直播。南京中华虎凤蝶自然博物馆作为此次同步调查的室内直播点，邀请了亲子家庭在馆内参观学习，并开展中华虎凤蝶专题知识讲座，通过互动问答等形式，让尽可能多的市民、学生参与，观看调查的全过程，了解南京的中华虎凤蝶生物种群及生态现状。

南京其余调查点主要以图文的方式向基地实时发送信息。

（4）蝴蝶是多样性评估和监测的最佳类群

同步调查活动要求进入珍稀物种栖息地的调查人员必须掌握调查方法，了解调查规则。调查人员要以正常步行速度记录左右各 5 m 宽，前方 10 m，头顶上方 5 m 内的蝴蝶；在调查地段要注意人身安全。在南京 3 月中上旬，以选择海拔约 100 m 的沟谷坡地为宜，坡地上树种为落叶乔木或有稀疏的灌木丛，林相郁闭度为 0.5~0.7 的观测地段。

（5）活动守则

为确保野外工作顺利及人身财产安全，针对此次调查活动，制定了严格的户外守则，凡参与野外项目的人员，均须严格遵守。

1）本调查成果为内部资料。

2）本调查是环保志愿者自发的保护珍稀物种活动。

3）本野外调查活动严禁患有重大疾病者参加，隐瞒不报者后果自负。

4）本野外调查活动以拍摄、文字、图画记录为主。

5）本野外调查活动中，请带上观测表格、观测小旗、笔、手机、照相机、干粮、水、蝴蝶图鉴书等。

在过去的 30 多年中，诸多专家、环保社团、蝴蝶爱好者对中华虎凤蝶部分栖息地进行过考察，这些考察为 2018 年南京地区同步调查打下了良好的基础。本次调查活动对各组召集人进行培训，要求所有参与人员学习和了解同步调查有关知识，所有调查地信息均以编号出现。最后汇总数据和调查地信息，汇集成册提供给有关农林、环保单位。

中华虎凤蝶同步调查作为"南京生物多样性调查活动"的一部分，每年会以不同形式开展。今后，南京中华虎凤蝶自然博物馆将联合秦岭山脉、长江中下游各省的有关大学、科研院所、环保单位和民间蝴蝶社团，共同开展中华虎凤蝶栖息地现状的同步调查。在此基础上，还将和俄罗斯、日本、韩国等蝴蝶研究机构或专家对东亚地区特有的虎凤蝶属进行国际合作调查。

中华虎凤蝶栖息地考察

中外昆虫学家在栖息地考察

江苏省动物学会理事长孙红英教授
接受全球直播现场采访

栖息地样线设计

各样线上的同步调查

新闻记者见面会

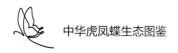

2. 中华虎凤蝶同步观测样线表

中华虎凤蝶同步观测样线表格

观测日期		地点	样线编号	观测员姓名		
观测时间	天气	温度	湿度	风力		风向
		℃	%	级		
样线内详细记录	样线GPS坐标（纬度、经度、海拔，请使用度分秒坐标）			样线备注		
	起点S			S:		
	终点T			T:		
	地标A			A:		
	地标B			B:		
	地标C			C:		
	地标D			D:		
	样线长度	m	样线走向	走向		
备注						
观测数据						
中华虎凤蝶	成虫数量（只）	观测描述（位置、各段数量、时间、周围环境、蝴蝶状态等）				
	卵数量（枚）					
其他蝶种编号	中文名	数量（只）	观测描述（位置、各段数量、时间、周围环境、蝴蝶状态等）			
1						
2						
3						
4						
5						
6						
其他						
备注						

填表要点

观测当天大致情况：

观测时间：如观测时间为 2019 年 3 月 10 日 10：30~12：30，请按照此格式填写，观测日期：20190310，观测时间：10：30~12：30。

天气：可使用手机自带的天气 APP 填写，如果遇到不符合的情况，以观测期间当地的天气为准。

1）样线记录部分：样线 GPS 坐标（纬度、经度、海拔，请使用度分秒坐标）：请打开手机"wifi，移动数据，GPS（位置服务）"，以确保手机定位精度，打开手机系统自带 APP"指南针"，按照系统提示校准指南针，按照手机显示的数据，填写 GPS 坐标（纬度、经度、海拔），如北纬 32°3′10.010 96″，东经 118°32′54.879 91″，海拔 50.2 m，可填写为 32°3′10.010 96″，118°32′54.879 91″，50.2（注意经纬度不要弄混）。

起止点与地标：样线的起止点 GPS 必须准确测量并填写，每隔 200 m 左右再选择一个地标点（可以为路口、空地、怪石、房屋、铁门、消防水池等），方便分段观测。如 800 m 的观测样线可设起点 S，终点 T，并在途中再设 A、B、C 3 个地标点，这样就可以将整条样线分为 SA、AB、BC、CT 4 段，每一段尽可能保证环境大致相同，建议提前选好。并在样线备注里简要填写选点的大致地标物、每一段大致环境。

2）观测数据：中华虎凤蝶：左侧成虫和卵数量填写整条样线观测到的总数量，观测描述里填位置、各段数量、时间、周围环境、蝴蝶状态等。其中位置、各段数量、时间必填。如 11：30~12：00，观测员从地标点 B 走到地标点 C，这一段样线陆续在路边空地观测到 4 只中华虎凤蝶飞过，并在样线西坡空地发现了杜衡，并翻找到了 10 颗卵，可简要记为：BC：成虫 4，卵 10，11：30~12：00（成虫于样线路边空地快速飞过，西侧坡地发现杜衡并发现卵）。其他观测段的观测描述以此类推。

3）样线观测方法：选择合适的观测路线：样线长度约 1 000 m，生境多样；并在样线上每隔 200 m 左右选择一个地标（如空地、房子、铁门、水池等），方便分段记录。

选择曾有中华虎凤蝶出现或有杜衡的较平缓山谷，人为干扰较少；

样线生境应拍照并描述（主要植被、样线长度、人为干扰度等）；

确定样线各项地理信息参数（经纬度、海拔等）；

样线确定后，要定人、定时、定点进行多年的观测，以期获得科学的观测数据。

组成观测小组（分工有：观测口述、填写表格、拍照或录像）；

观测员要在入口处手持老山中华虎凤蝶同步观测周小旗，合影留念。要求观测口述者识别蝶种能力强。

4）观测过程要求：观测者以正常步行速度记录左右各 5 m 宽，前方 10 m，头顶上方 5 m 内的蝴蝶；记录成虫只数以阿拉伯数字表示，记录观测日期如：2019 年 3 月 10 日上午 10：30，请以 201903101030 表示。其他蝶种记录在表格备注栏中；避免重复计数，同一蝶种"记前不记后"；每年在老山的中华虎凤蝶同步观测周选择成虫盛发期进行；观测天气条件可选择无雨晴天或多云、风力小于 6 级、温度 10 ℃以上的上午 9：00~12：00 完成；每年样线观测表格、图片、录像在存入南京中华虎凤蝶自然博物馆数据库前，要由专家组进行审核。

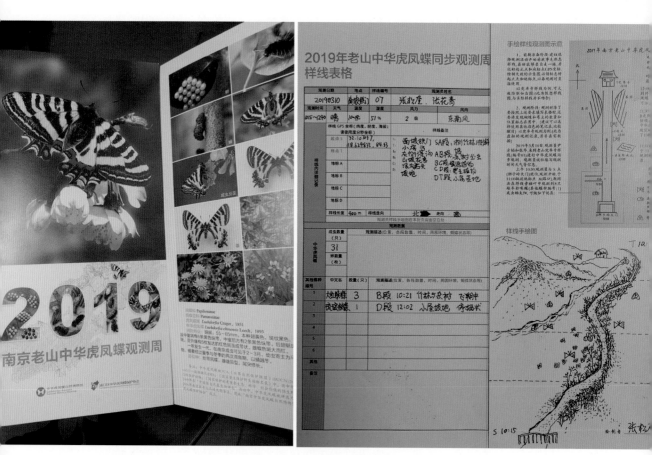

中华虎凤蝶同步观测样线表格折页图

3. 栖息地研究案例

本案例"中华虎凤蝶生存状况与自然保护"在中华人民共和国生态环境部宣传教育中心举办的 2018 年全国环境教育优秀案例征集活动中获得特等奖第一名，发表在由中华人民共和国民政部主管的《社会与公益》2018 年 11 月刊上。

2017 年 3 月至 2019 年 5 月间，南京市高淳区桠溪小学蝴蝶社团在校内外开展了南京市蝴蝶观测活动，他们在高淳区花山、游子山等中华虎凤蝶栖息的丘陵山区，进行了深入细致的考察，还到南京中华虎凤蝶自然博物馆参观和查阅了中华虎凤蝶资料。

2018 年 3 月，学校参加了"南京中华虎凤蝶同步调查"活动，并开展了持续的研究，掌握了高淳区中华虎凤蝶栖息地的第一手资料。

2018 年 5 月，学校配合央视少儿频道《芝麻开门》栏目拍摄了《中华虎凤蝶密码》，向全国小观众介绍了高淳区花山地区中华虎凤蝶的特点和生长周期。

本案例是理论学习研究与调查实践研究相结合的案例，首先设立了活动目标。通过研究了解高淳区中华虎凤蝶的种群分布以及数量情况、寄主植物的分布地、蜜源植物的种类及分布地、天敌种类、栖息地的环境状况以及蝴蝶与生态环境的关系，进而研究中华虎凤蝶的数量、分布与生态环境之间的关系，并找出保护中华虎凤蝶的对策。本案例有利于培养学生观察、识别、记录、分析等能力，培养学生热爱自然、敬畏生命、热爱家乡、保护生态环境等科学素养。

案例开展的方法有：①文献研究法。综合运用各种路径（文件、会议、报刊、网络、考察等）了解中华虎凤蝶的生命周期、每个生长阶段的特点、成虫的蜜源植物、幼虫的寄主植物和天敌，以及资料记载中高淳区发现中华虎凤蝶的地点。②调查法。综合运用各种调查方法和手段，有计划、分阶段地对高淳区中华虎凤蝶的分布以及数量进行调查，了解中华虎凤蝶的生存状况以及栖息地的生态环境，并及时用相机、手机以照片、视频等方式进行记录、分析。③行动研究法。开展高淳低山丘陵地区的实地调查活动，结合中华虎凤蝶发现地的生态环境分析中华虎凤蝶的生存数量，以及其分布与环境之间的关系。

案例活动实施步骤准备阶段有：制作蝴蝶展板，利用展板和蝴蝶图片在蝴蝶社团活动时间带领学生认识南京常见各科蝴蝶，尤其是中华虎凤蝶，它被昆虫专家誉为"国宝"，是国家二级保护动物，被列入世界自然保护联盟 2012 年濒危物种红色名录。进行中华虎凤蝶有关知识的理论学习，如阅读理论著作和图鉴，认识和了解这个作为南京市生态名片的野生动物的特点。带蝴蝶社团成员去南京中华虎凤蝶自然博物馆参观学习，认识中华虎凤蝶的生命周期以及与虎凤蝶属其他种的区别。师生一同学习、搜集整理目前关于中华虎凤蝶的生存状况与生态环境之间关系的最新研究成果。

实施阶段继续学习与中华虎凤蝶有关的知识。利用学校开设的蝴蝶社团，让更多的学生了解中华虎凤蝶，做到能快速识别。同时认识它的寄主植物杜衡的特征，做到能识别和拍摄中华虎凤蝶的技巧，为后面开展中华虎凤蝶的调查做好准备。带学生研究了解高淳区中华虎凤蝶的种群分布以及数量情况。综合运用各种路径（文件、会议、报刊、网络、考察等）带领学生一起学习了解中华虎凤蝶的生命周期、每个生长阶段的特点，在中华虎凤蝶的成虫发生期进行全区的实地调查，尤其是花山、游子山、秀山等低山和丘陵山地。

学校蝴蝶社团的学生在陈瑞基校长、贾晓红老师的带领下，来到高淳区花山地区参加了 2018 年 3 月 10 日 "南京中华虎凤蝶同步调查" 的活动。在上午 9~11 时的两个小时内总共在四个调查地点发现 50 余只中华虎凤蝶。

杜衡是中华虎凤蝶的寄主植物。在中华虎凤蝶成虫交配后，它们会把卵产在杜衡的叶子背面，幼虫从卵里出来以后取食杜衡，花山上生长着大片的杜衡，它是整个高淳区中华虎凤蝶数量最多的地方。在大片杜衡叶子背面的中华虎凤蝶幼虫，黑黑的身上长着刚毛，从卵里出来以后它们就头朝一个方向趴在一起，这是为了把群体模拟成一个大的生物，吓唬其他生物，对自己起到保护作用。中华虎凤蝶幼虫吃杜衡时一般都是沿着叶片边缘吃的，叶片表面所见到被啃食的一个个大洞并不是中华虎凤蝶幼虫吃的，而是蜗牛吃的，这个发现也是意外的收获。

带学生观察了解高淳区中华虎凤蝶蜜源植物的种类以及分布情况，在中华虎凤蝶出现的地点以及周边寻找蜜源植物，并拍照记录，调查它们的种类以及分布情况。我们发现中华虎凤蝶喜访蒲公英、紫花地丁及其他堇科植物，也飞入田间吸食油菜花蜜等，花山地区这些植物较多。要保护这里的中华虎凤蝶就必须加大对蜜源植物的保护和人工种植。

研究了解高淳区中华虎凤蝶的天敌种类，中华虎凤蝶的成虫体表的色彩和条纹形成的保护色，可以使其在错杂的枯草背景上难以被天敌所发现，我们在中华虎凤蝶出现的地点以及周边寻找会对中华虎凤蝶生存造成威胁的天敌，并拍照记录，留作资料。发现鸟类、蜘蛛等是中华虎凤蝶幼虫的主要天敌。而一些人的捕捉是中华虎凤蝶成虫的主要威胁。

研究了解高淳区中华虎凤蝶栖息地的环境状况，找到高淳区中华虎凤蝶的栖息地，并对栖息地的环境状况包括植被覆盖、地形地貌、光照等状况进行调查研究。调查发现中华虎凤蝶喜欢生活在光线较弱而湿度不太大的沟谷地带，它的飞行能力不强，活动区域比较狭窄。

这几年高淳区中华虎凤蝶生存状况的调查研究活动成果如下：培养了学生对自然的好奇心、环境保护意识、合作意识和社会责任感，为今后的学习、生活以及终身发展奠定了良好的基础。

掌握了高淳区中华虎凤蝶的数量、分布情况，找出了中华虎凤蝶与寄主植物、蜜源植物、天敌之间的关系，发现了中华虎凤蝶的生存状况与生态环境之间的关系。由于深入研究中华虎凤蝶取得了一定的成绩，2018 年 5 月蝴蝶社团的师生携手南京中华虎凤蝶自然博物馆配合中央电视台少儿频道《芝麻开门》栏目，拍摄了一集《中华虎凤蝶密码》，在节目中蝶学专家、中华虎凤蝶自然博物馆馆长张松奎和蝴蝶社团成员用游戏闯关的形式，向全国小观众科普了中华虎凤蝶的生命周期、每个阶段的特点以及雄雌区分方法，更重要的是向大家介绍了中华虎凤蝶与自然环境的关系，号召大家一起来保护这个大自然的小精灵，同时也对美丽家乡高淳区进行了宣传。南京教育发布、高淳区发布等微信公众号都推送了消息宣传和报道了这次拍摄，取得了良好的社会效应。

为了进一步发动更多环保人士一同来保护中华虎凤蝶，呼吁有关部门建立高淳花山中华虎凤蝶保护区。目前已经向高淳区科协、江苏省生态环境局递交了建立高淳花山中华虎凤蝶保护区的倡议书，希望有关部门能让蝴蝶社团做志愿者，利用周六、周日到花山地区向登山的市民们介绍、宣传，号召人们携手保护中华虎凤蝶。蝴蝶社团成员针对这段时间对蝴蝶的研究活动撰写了考察报告，并以小课题参加南京市高淳区中小学"五小"评比活动，获得市二等奖一篇、区二等奖一篇。

在公众号、校园网上向民众宣传高淳区中华虎凤蝶的生存状况。著名动物学家珍妮·古道尔说过："唯有了解，才会关心；唯有关心，才会行动；唯有行动，才有希望。"人类和动物以及环境应该和睦相处，共同构建美好的生态环境。

第七章　交流访问和考察

1. 交流访问

1989 年在李传隆家中（北京）

澳大利亚蝴蝶学者高尔夫

1993 年李传隆来馆指导工作

2021 年在南京吴琦先生家中

与英国蝴蝶学者一起考察

2016 年在西安寿建新先生家中

与日本蝴蝶学者朝日纯一、斋藤文男

1990 年在庐山考察，拜访植物园方育青教授

江苏省动物学会学术研讨会

2019 年在杭州胡萃家中

中国昆虫学会蝴蝶分会专家在南京牛首山

日本新潟上越市"寻虎记"

寻"虎"途中大雪封路

山道上车陷崖边，等来救援车

日本虎凤蝶栖息地

日本虎凤蝶卵　　　　　　　　　　蜜源植物（堇菜属）

蜜源植物（堇菜属）　　　　　　　寄主植物（细辛属）

寄主植物（细辛属）　　　　　停栖在岩石上的日本虎凤蝶

日本虎凤蝶终于飞来了，
日本蝶学专家朝日纯一在拍摄

第一次见日本虎凤蝶卵，拍！

悬吊在花上的日本虎凤蝶

停栖在枯草上的日本虎凤蝶

考察完成，离开新潟上越市

2. 长江中下游和秦岭山脉部分栖息地考察

标本图由各大院校、昆虫研究机构提供（图注为标本采集地）。

南京

镇江

金坛

溧阳

宜兴

和县

滁州

六安

马鞍山

杭州

西天目山

德清

莫干山

临安

九江

长阳

武当山

衡山

城口   秦岭

第八章 自然教育和科学普及

1. 中华虎凤蝶自然博物馆

  该馆位于南京浦口区水墨大埝景区内，于 2016 年建立，以"爱与生命"为主题，是集蝴蝶展示、科普教学、文创制作为一体的专题蝴蝶博物馆，也是中国首家以"中华虎凤蝶"为名的自然博物馆。

中华虎凤蝶自然博物馆场景

馆内活动

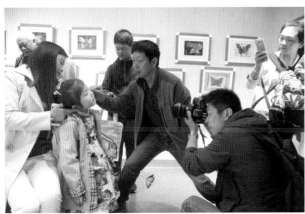

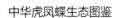
中华虎凤蝶生态图鉴

2. 浦口区中华虎凤蝶保护协会

　　浦口区中华虎凤蝶保护协会于 2017 年 6 月成立，协会的主要任务是对该物种进行系统科学的观测与保护，让市民自觉参与到保护行动中。

　　协会围绕中华虎凤蝶的保护开展了大量的蝴蝶知识讲座、环保志愿者活动，对保护工作起了良好的作用。协会会员为来自南京及周边大专院校的昆虫学家、植物学家、环保志愿者、大学生、自然摄影师、自然教育工作者等。

浦口区中华虎凤蝶协会活动

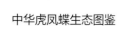

3. 中华虎凤蝶科普活动

1）中央电视台《中华虎凤蝶密码》节目于 2018 年 5 月在南京中华虎凤蝶自然博物馆拍摄。

开拍前，崔导对剧本每个情节逐一核实

拼制中华虎凤蝶标本图

主持人芝麻哥哥来到现场

哑剧《中华虎凤蝶密码—结蛹》

哑剧《中华虎凤蝶密码—化蝶》

听题领取破解密码闯关卡

看图领取破解密码闯关卡

观地图领取破解密码闯关卡

画蝶领取破解密码闯关卡

破解密码闯关后的合影

2）中央电视台《蝶梦人生》节目于 2019 年 4 月在中央电视台录制。

3）"南京中华虎凤蝶同步调查"活动前的培训课，在江苏第二师范学院报告厅举办。

4）"南京的生态名片——中华虎凤蝶"千人讲座，在南京师范大学附中江宁分校体育馆举行。

5）讲座：南京·新北环保小局长快乐成长营中"蝴蝶老师讲中华虎凤蝶故事"在金陵中学河西分校举行。

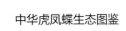

6）中华虎凤蝶相关出版物。

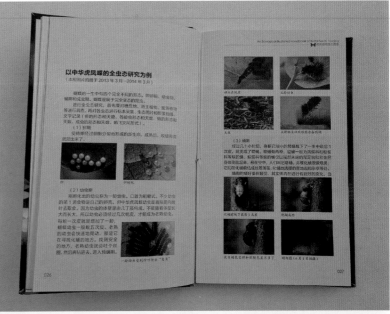

附 录

一、1936—2014 年中国有关中华虎凤蝶的部分文献

　　中国较早的中华虎凤蝶文献见之于《国立中央大学农学丛刊》第 3 卷第 2 期，中英文撰写的《南京蝶类志》（黄其林，1936）。《蝴蝶》（李传隆，1958）第 20 页，从文字描述和标本图可以看出这是浙江产的中华虎凤蝶。《中国蝶类幼期小志——中华虎凤蝶》（李传隆，1978）通过饲养、观察中华虎凤蝶的幼期，研究日本虎凤蝶和虎凤蝶的幼期，认为中华虎凤蝶既不是虎凤蝶的一个亚种，也不是日本虎凤蝶的一个变种，而是一个独立的物种。《珍贵濒危蝴蝶：中华虎凤蝶》（胡萃，洪健，叶恭银，等，1992）首次对中华虎凤蝶生物学特性、显微与超微结构、人工饲料、饲养技术和稀少的原因进行了研究，并记录中华虎凤蝶已知的 3 个亚种：*L. c. chinensis*，*L. c.lenzeni* 和 *L. c. huashanensis*。《牛首山的中华虎凤蝶》（吴琦，1986）对中华虎凤蝶幼虫的"蜕皮扩散"习性进行了深入观察和生动的叙述。《中华虎凤蝶栖息地、生物学和保护现状》（袁德成，买国庆，薛大勇，等，1998）对 20 世纪 90 年代中华虎凤蝶在秦岭山脉和长江中下游的栖息地、生物学和保护现状进行了 5 年的调研。该项研究为中国科学院"八五"重大项目"生物多样性保护及持续利用的生物学基础"项目专题之一，也是我国首次对中华虎凤蝶这一珍稀物种的全面调查。

二、中华虎凤蝶保护名录的文献摘录

　　1）世界自然保护联盟（IUCN）红皮书之一"世界濒危凤蝶"（1985）对中华虎凤蝶的描述如下：中华虎凤蝶（*Luehdorfia chinensis*）是一种缺乏了解的、局限分布于中国东部一些省份的物种。其分类地位尚不明确；且由于不能前往其栖息地和缺乏其生物学信息，因而保护现状不清，将其列入"欠了解"（Insufficiently Known）级别。建议获取其栖息地、生物学和保护现状更详细的信息。

　　2）《中华人民共和国野生动物保护法》（1989）国家重点保护野生动物名录中蝴蝶部分有：

　　金斑喙凤蝶 *Teinopalpus aureus* 级别：Ⅰ

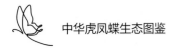

双尾褐凤蝶 *Bhutanitis mansfieldi* 级别：Ⅱ

三尾褐凤蝶东川亚种 *Bhutanitis thaidina dongchuanensis* 级别：Ⅱ

中华虎凤蝶华山亚种 *Luehdorfia chinensis huashanensis* 级别：Ⅱ

阿波罗绢蝶 *Parnassius apollo* 级别：Ⅱ

3）《国家保护的有益的或有重要经济、科学研究价值的陆生野生动物名录》（2000）国家林业局发布实施，名录中蝴蝶部分有：

凤蝶科	黑紫蛱蝶
喙凤蝶属（所有种）	枯叶蛱蝶
虎凤蝶属（所有种）	绢蝶科
锤尾凤蝶	绢蝶属（所有种）
台湾凤蝶	眼蝶科
红斑美凤蝶	黑眼蝶
旖凤蝶	岳眼蝶属（所有种）
尾凤蝶属（所有种）	豹眼蝶
曙凤蝶属（所有种）	环蝶科
裳凤蝶属（所有种）	箭环蝶属（所有种）
宽尾凤蝶属（所有种）	森下交脉环蝶
燕凤蝶	灰蝶科
绿带燕凤蝶	陕灰蝶属（所有种）
粉蝶科	虎灰蝶
眉粉蝶属（所有种）	弄蝶科
蛱蝶科	大伞弄蝶
最美紫蛱蝶	

4）中华虎凤蝶被列入世界自然保护联盟（IUCN）2012 年濒危物种红色名录 ver3.1——数据缺乏（DD）。

5）《江苏省野生动物重点保护条例》规定对中华虎凤蝶等国家野生动物重点保护。该条例自 2013 年 1 月 1 日起施行。

6）2021 年中华人民共和国国家林业和草原局、农业农村部公告第 3 号《国家重点保护野生动物名录》中，中华虎凤蝶 *Luehdorfia chinensis* 被列为二级保护动物。

三、昆虫学家及其中华虎凤蝶论著的文献选登

1. 约翰·亨利·里奇

约翰·亨利·里奇（John Henry Leech），英国昆虫学家，1862年12月5日生，1900年12月29日逝世，享年38岁。从事蝴蝶与甲虫的研究，曾远足亚洲、非洲等地采集标本，他定名的昆虫有百余种。

Leech于1892—1894年间在中国湖北省长阳县采集并命名了中华虎凤蝶，发表在《中、日、朝蝶类志》中。

John Henry Leech（曹博然绘）

2. 黄其林

黄其林先生，中国昆虫分类学家，教授，1906年8月15日生于南京。1978年9月17日在南京逝世，享年73岁。

1931年毕业于中央大学农学院，先后在中央大学、西北农学院、南京大学、南京农学院任教。主要著作有《普通昆虫学》（1961）、《农业昆虫鉴定》（1984）。

文献选登［5］

Luehdorfia puziloi Grar，翅淡黄色，前翅有横行的黑色条纹，后翅外缘锯齿状，淡黄色，亦具有黑色条纹，尾极短。

（黄其林："南京蝶类志"，载《国立中央大学农学丛刊》1936年第3卷第2期，第164页。）

黄其林

3. 李传隆

李传隆先生，中国昆虫分类学家，研究员，日本鳞翅学会名誉会员。1910年6月生于上海松江县。2005年1月11日在北京逝世，享年95岁。

1934—1937 年，李传隆就读于江苏南通农学院。1939 年毕业于四川大学农学院。先后在西北农学院、新疆女子学院、新疆学院、山东大学农学院任教。1956 年以后在中国科学院动物研究所工作。

李传隆先生一生主要研究蝶亚目昆虫。在分类方面已发表多个新属、新种、新亚种。发表论文 30 余篇。主要著作有《蝴蝶》（1958）、《中国蝶类图谱》（1992）、《云南蝴蝶》（1995）。

文献选登［6］

Luehdorfia japonica chinensis

前翅呈二等边三角形而后翅外缘呈锯齿状的如浙江产的

Luehdorfia japonica chinensis

《蝴蝶》（李传隆，1958，P20~21）。

李传隆

文献选登［7］

《中国蝶类幼期小志——中华虎凤蝶》

虎凤蝶属（*Luehdorfia*）的蝶类是危害中草药细辛和杜衡等的重要害虫，是亚洲东部地区的特产属，它们的分布区域比较狭窄，除中国之外，仅见于日本、朝鲜以及符拉迪沃斯托克（海参崴）等地。

虎凤蝶属蝶类的色彩、斑纹在种间的区别极微，再加上同种个体之间的翅面斑纹变异幅度极大，因此，许多年来，世界上若干蝶类专家对本属蝶类的鉴定，由于没有找到明确的形态区别而大感困惑，长期以来存在着混淆和误订。Seitz（1906）在《世界大鳞翅目志·古北区蝶类》一书中认为虎凤蝶属只有虎凤蝶 *Luehdorfia puziloi* Erschoff（1871）一种，而将日本虎凤蝶 *L. japonica* Leech（1889）和中华虎凤蝶 *L. chinensis* Leech（1893—1894）误订为前者的两个亚种。而 Leech（1893—1894）在《中、日、朝蝶类志》一书中，把日本虎凤蝶与虎凤蝶指名亚种准确无误地区别为两个不同的种，但是仍然误认为中华虎凤蝶只是日本虎凤蝶的一个变种而不是一个独立的种。其后 Verity（1905—1911），Rothschild（1918），Roson（1932）等对这两个种的鉴定也和 Leech 一样存在着混淆和误订。

李传隆饲养、观察了中华虎凤蝶的幼期，研究了其他两个亲缘种的卵、幼虫和蛹的形态特征，根据所获得的资料，认为中华虎凤蝶既不是虎凤蝶的一个亚种，也不是日本虎凤蝶的一个变种，而是一个独立的物种。现将研究结果整理如下，供有关方面参考。

中华虎凤蝶的幼期形态特征：

1. 卵　卵近圆球形，色青白微黄，富珍珠样光泽，孵化前转呈灰褐色。卵径 0.94 mm（0.92~0.96 mm）。

2. 幼虫　老熟幼虫粗短，长圆筒形，前、后两端略瘦；胴部每一环节中部向外鼓突呈圆弧形，尤以腹部第 1~8 节最为显著。头黑褐色，表面无光，满被长短不一的黑色长刚毛；单眼深黑光亮；头盖缝、额缝及蜕裂线臂淡褐色。全身深紫黑色，前、中、后三胸节及第 1~8 各腹节上级有深黑发亮的长刚毛丛 6 行，分别为亚背线＋气门上线丛，气门下线丛与基线丛，其中以前者面积最宽，后者最窄而气门下线丛则着生在略呈半球形的大疣突上，又在这些黑色长刚毛丛中另生有长约 5 mm 的白色长毛 1~2 根，其分布情况，通常在第 1 丛上的白毛数为 2, 2, 1; 0, 0-1, 1, 1, 1, 1, 1, 1。在第 2 丛上的白毛数为 2, 1, 1; 1, 1, 1, 1, 1, 1, 1, 2。其在第 3 丛上的白毛数通常为 2, 1, 1; 2, 2, 2, 2, 2, 2, 0。气门长椭圆形，深黑色。

老熟幼虫体长 30 mm 左右，体宽 7 mm 左右，体高 7 mm 左右。头宽 2.5 mm 左右，头高 2.1 mm 左右，头长 1.5 mm 左右。

3. 蛹　体形粗短，体表粗糙，凹凸不平。触角外表呈细锯齿状。背面：头端具有前突起 4 枚，平直排列在一直线上。胸部远较腹部狭窄。腹部以第 4 腹节处最为鼓突，自此向后逐渐收缩，每一腹节的背部通常饰有四边呈咖啡色的矩形褐色内洼块 5 枚，中间的一块最为宽阔，而在第一腹节背面中央块的两侧则改呈乳白色斑，左右各一枚。腹部末端强烈向腹面弯曲，悬垂器短而宽扁，与体中轴略成直角。前胸气门向内深陷呈鼻孔状。

蛹长 14.93 mm（12.32~16.20 mm），蛹宽 7.72 mm（6.56~8.30 mm），蛹高 7.10 mm（5.90~7.72 mm）。

三种虎凤蝶的幼期形态对比：

截至目前，已知的虎凤蝶属种类只有虎凤蝶、日本虎凤蝶和中华虎凤蝶三种，由于它们是三个血缘关系极为密切的亲缘种，因此表现在成虫的翅面斑纹以及色彩方面是极为相似的，犹如孪生兄弟一样极易误认。中华虎凤蝶的幼期（卵、幼虫、蛹）形态特征究竟与前两种有何区别，是值得探明的，但是由于作者没有前两种的幼期实物标本供研究，因此，只能借用白水隆·原章共著的《原色日本蝶类幼虫大图鉴》一书中的文字记载和彩色图，进行了一些对比，如下表所示。其中卵的精密形态特征暂缺，这是一大不足，容后再做进一步研究。

三种虎凤蝶的幼期形态对比表

特征 \ 种类		中华虎凤蝶 *Luehdorfia chinensis* Leech	日本虎凤蝶 *L. japonica* Leech	虎凤蝶日本亚种 *Puziloi inexpecta* Sheljuzhko
卵	卵色	青白微黄	青白色	青白色
	卵径	0.94 mm	1.00 mm	0.98 mm

续表

特征 / 种类		中华虎凤蝶 *Luehdorfia chinensis* Leech	日本虎凤蝶 *L. japonica* Leech	虎凤蝶日本亚种 *Puziloi inexpecta* Sheljuzhko
幼虫	各环节邻接处的色泽	黑色	黑色	白色
	气门下线疣状突起的色泽	黑色（与体色同）	黑色（与体色同）	浓黄色
	黑色刚毛丛中有无特长的白毛	有	无	有
	体长	30 mm 左右	35 mm 左右	32 mm 左右
蛹	胸、腹两部的宽度比较	胸部远较腹部狭窄	两者的宽度略等	两者的宽度略等
	第一腹节背面有无乳白色斑	有乳白色斑一对	无	无
	腹部末端的形态	向腹面强烈弯曲	向后斜伸	向后斜伸
	第一腹节背面的情况	略微凹陷	凹陷最深	几不凹陷
	腹面（前、中、后三点）是否平直	前、中、后三部分的腹面几乎排列在一直线上	不在一直线上，中部（翅函部）最为鼓凸	不在一直线上，中部略凸
	体长	15 mm 左右	19 mm 左右	17 mm 左右

上述三种虎凤蝶成虫的翅面斑纹，虽然差别微细，极易混淆，但其幼期形态则差异显著，易于区分。

（李传隆："中国蝶类幼期小志——中华虎凤蝶"，载《昆虫学报》1978年第21卷第2期，第161~162页。）

4. 胡萃

　　胡萃先生，中国昆虫学家，浙江大学教授，全国模范教师，全国优秀科技工作者。2019年获中国昆虫学会终身成就奖。1931年3月生于浙江。长期从事昆虫学教学、科研工作，在国内外几十种学术期刊上发表论文430余篇。主编（副主编）或参编的专著、高校教材、论文集20余种。主要著作有《珍贵濒危蝴蝶：中华虎凤蝶》（1992）。

文献选登［8］

《珍稀濒危昆虫——中华虎凤蝶的生物学》

结果

胡萃

（一）年生活史

中华虎凤蝶在杭州一年发生一代，以蛹越夏、越冬，部位多在树皮上、枯枝落叶下及石块缝隙中。1987年野外卵初见于3月15日，盛见于3月下旬至4月初。1987—1989年饲养结果，发生期如表1。

表1　中华虎凤蝶的发生期（月／日）（1987—1989年，杭州田间养虫室内）

年份	羽化						产卵			孵化			化蛹		
	雄			雌											
	始期	高峰	末期	始期	高峰	末期	始期	高峰	末期	始期	高峰	末期	始期	高峰	末期
1987							4/3	4/7	4/10	5/11	5/13	5/19
1988	3/5	3/14	3/31	3/12	3/23	3/30	3/13	3/31	4/10	4/15	4/18	4/22	5/14	5/16	5/21
1989	3/6	3/10	3/14	3/9	3/12	3/14	3/14	3/16	3/26	4/3	4/7	4/11	5/8	5/10	5/14

（二）习性

1. 成虫　一般7：40~11：00羽化，少数在11：00~13：00。晴天，羽化时刻较早；阴雨天，温度低于10℃则无成虫羽化。羽化时，有的从胸背部开始纵裂，也有的从腹背前端横向开裂，自蛹壳开始开裂到成虫羽出约需15分钟。刚羽化时翅小、三角形，长度不及体长的一半。初羽化成虫一般爬到稍高处，用足抓紧树枝，随着喙的不断弯曲、伸直，翅逐渐展开，展翅需20~60分钟不等。展翅后，在原处先停息1~3小时。天气晴朗，气温适宜，成虫交尾、产卵，活动性强；雨天气温偏低，基本不活动。羽化当日下午可接受强迫性喂食，且可交尾。交尾在10~16时进行，以12~13时最多。雄性找到配偶后，不断振翅，然后将腹部弯向雌性腹末端，这时若雌性将腹末端稍向上翘起，就能顺利地进行交尾，交尾时雄性前后翅停止振动。交尾姿势有互相抱握、雄性抱握雌性，以及一字形等多种。交尾中若雌性爬动，雄性则依随。交尾持续时间的长短，常因外界干扰的有无而不同，通常为20~30分钟。雄性可以交尾多次。产卵前期晴天为1天，若遇连续低温阴雨可延长至17天。14：00~17：00产卵，卵产在叶背，以长势好、面积在15cm^{2}以上的叶片上为主。偶见单产，绝大多数疏松地群集一起。雌蝶每产1卵，腹端略为移动，卵粒间距大多1~2 mm，最小的则为零。一张叶片上最多可有两堆卵。每堆有2~35粒；野外33堆卵中大多为11~20粒，占63.64%，10粒以下的占33.33%，21~30粒的占3.03%；室内产的54堆卵中，1~10粒的占64.81%，11~20粒的占25.93%，21~30粒的占3.70%，31粒以上的占5.56%。田间养虫室内在喂食25%蜂蜜水的条件下，雌、雄各近50头的考察结果为，雌蝶寿命12.9±5.82天，雄蝶11.5±6.64天。观察的32头雌蝶中13头交尾，占40.63%；12头产卵，占37.5%。产卵期、产卵量等见表2。室内饲养所得成虫产下卵粒只占怀卵量的19.21%~30.25%。室内饲养所得105头成虫中，雌性比为46.67%。

表 2　中华虎凤蝶的产卵前期、产卵期及产卵量（1988—1989 年，杭州田间养虫室内）

年份	均数或标准差	产卵前期（天）	产卵期（天）	产卵量（粒/雌）	遗腹卵量（粒/雌）	怀卵量（粒/雌）
1988	x̄	5.9	1.5	23.5	98.8	122.3
	S.D.	6.35	1.27	20.55	41.08	38.04
1989	x̄	3.1	1.3	37.3	86.0	123.3
	S.D.	0.85	0.50	19.97	23.57	25.03

2. 卵　直径（0.975±0.027）mm，高（0.762±0.041）mm。初产时淡绿色，富珍珠般光泽，孵化前呈灰黑色，可见黑色虫体。卵在叶背排列成不规则形，不在一条直线上的每 3 粒相邻卵粒间往往呈等边三角形。卵期 23.1±8.32 天。1988 年自然变温下考察 11 批共 109 粒卵的结果，发育起点温度为 7.68 ℃，有效积温 111.40 日度。野外采集卵的孵化率，1987 年为 93.67%，1989 年为 95.64%。1987—1988 年田间养虫室饲养所得卵的孵化率为 57.47%。

3. 幼虫　共 5 龄。各龄幼虫的头壳、体长测量值，历期及取食量见表 3。头宽对数值依虫龄呈直线增长，其回归方程为：$\lg Y = 0.153\,2X - 0.342\,6$，$r^2$ 为 0.999 4。

表 3　各龄幼虫的头壳、体长测量值，历期及取食量

虫龄			一 龄	二 龄	三 龄	四 龄	五 龄	预蛹
头壳（mm）	宽	x̄	0.656	0.902	1.314	1.855	2.671	
		S.D.	0.019 9	0.044 0	0.052 3	0.064 1	0.127 8	
	高	x̄	0.553	0.793	1.221	1.773	2.581	
		S.D.	0.030 5	0.030 9	0.077 5	0.087 6	0.108 4	
	长	x̄	0.375	0.531	0.807	1.153	1.712	
		S.D.	0.015 0	0.023 9	0.049 9	0.043 6	0.088 4	
体长（mm）	初期	x̄	1.73	3.50	5.33	9.20	17.58	20.00
		S.D.	0.065	0.361	0.404	0.608	1.938	2.298
	末期*	x̄	3.53	5.45	9.67	17.33	26.33	
		S.D.	0.153	0.495	1.332	0.938	0.577	
历期**（天）		x̄	9.2	4.3	3.1	6.5	9.1	4.1
		S.D.	1.07	1.79	0.60	0.90	1.06	1.14
取食量**（mm²）	占百分比		33.02	148.55	428.52	2 022.01	22 867.00	
			10.840	25.571	137.596	444.387	1 886.437	
			0.13	0.58	1.68	7.93	89.68	

*5 龄为中后期的测量结果。

**1987 年 153 头初孵幼虫的饲养结果。

初孵幼虫从卵壳顶部啮出，孵化主要在 8~14 时。1989 年在田间养虫室内共计 538 头的观察结果，4~20 时每 2 小时孵化数占总数的百分比依次为：0.74%、13.57%、20.26%、22.86%、25.09%、8.74%、5.20% 及 3.53%。初孵幼虫群集叶背取食，头部一律朝向同一叶缘，排列成弧形或不规则形。若同一叶片上有两堆卵且在不同日期孵化，先孵化的先聚集，后孵化的也逐头加入，聚成一群。一龄前期取食叶片的下表皮和叶肉，残留上表皮，稍大则咬食成孔洞或缺刻，最后有的只剩下叶缘。幼虫边取食叶片的边后退，头摆动的幅度较小。同一叶片上的低龄幼虫，在气温低时大多数聚集在一起，不活动；气温高时，分散、聚集频繁。三龄后开始分散取食，叶片食尽时也可食叶柄。蜕皮壳以头端粘在叶背，末端朝外。幼虫稍受惊动，即露出黄色、呈 "V" 形的臭腺。

一至三龄幼虫合计食叶面积只占总食叶面积的 2.39%，四龄占 7.93%，末龄占 89.68%。食叶面积对数值依虫龄呈直线增长，其回归方程为：$\lg Y = 0.753\,1 + 0.681\,5\,X$，$r^2$ 为 0.977 4。1987 年 153 头初孵幼虫饲养结果，一至五龄的存活率分别为 90.71%、83.06%、75.41%、68.31% 和 63.93%，化蛹率为 62.84%。1989 年 87 头幼虫饲养结果，化蛹率为 65.52%。

幼虫充分成长后，四处爬动寻找化蛹场所，最后，不食不动，虫体急剧缩短，进入前蛹期。此时受惊动，不露臭腺，经过 1 天左右，在腹部第一节处有一白色丝带固定，少量的可无丝带。日后，丝带呈茶褐色。全幼虫期平均 36.3 天。

4．蛹　　长 15.853 ± 0.700 3 mm、宽 7.887 ± 0.438 4 mm、高 7.343 ± 0.477 2 mm。初化蛹头胸部外观湿润，除翅芽浅绿色外，其余浅黄色，后随着蛹体干燥，色泽逐渐变深，整体呈茶褐色，且质地坚硬。化蛹在寄主植物或其他植物基部、枯叶下、树皮上等土表阴暗处或石块缝隙中，不在土中。据室内对 92 头的观察结果，树皮上化蛹的占 70.65%，枯枝、落叶和寄主茎叶上各占 7.61%，其余的在笼壁、瓶壁或不依附任何物体而化蛹。蛹期长达 307.5 ± 4.65 天。室内饲养结果，1988 年 75.9% 羽化，1989 年 95.5% 羽化。

（胡萃、吴晓晶、王选民："珍稀濒危昆虫——中华虎凤蝶的生物学"，载《昆虫学报》1992 年第 35 卷第 2 期，第 196~198 页）。

5. 吴琦

吴琦先生，蝴蝶专家，1937 年 2 月生，1959 年毕业于北京工业学院无线电工程系，曾在大学任教，从事科研及医院电子加速器管理。

20 世纪 80 年代起，吴琦开始关注环境、生态问题，并对当地森林、湿地、河流、湖泊和野生生物进行深入的考察，对中国环境问题及生态保护有着深刻的认识和见解。1984—2009 年共发表过 26 篇有关蝴蝶的论文或通俗散文，其中有几篇介绍国外蝴蝶研究、蝴蝶与气候变化、蝴蝶保护区及生态恢复等。

文献选登［9］

"蜕皮扩散"的特性

　　频繁的扩散是中华虎凤蝶的幼虫最独特的习性，这是由它的特殊生境所决定的。这种有趣的习性对中华虎凤蝶和它的寄主植物杜衡都有着深刻的影响。

　　通常在食物即将耗尽或幼虫在寄主植物上觉得拥挤的时候，幼虫便纷纷离开去寻找新的食物。中华虎凤蝶的幼虫毫无例外地也具有这种扩散的表现。扩散前，幼虫表现得骚动不安，它们不停地在杜衡上爬动，然后迅速四散奔走。

　　此外，中华虎凤蝶的幼虫在每次蜕皮之前还会进行另一类型的自然扩散，而这时的杜衡通常并未呈现被食尽的危险，特别在早龄蜕皮前，杜衡叶片还大量存在着，而待蜕皮的幼虫面对着这丰盛的食物却不屑一顾地匆匆离去，甚至同龄幼虫抛开原来

吴琦

的食物全部出走，仅在原杜衡叶片上留下一缺口，表明曾被取食过。在饲养与自然状态下都证实了这种扩散无疑的存在。

　　4月下旬，我所栽植的杜衡上共有幼虫100余只，5月上旬，仅找到48只，即大约三分之二的幼虫失踪不见。5月中旬，我在相隔数米之远的并未用以喂养幼虫的杜衡上偶然发现了3只幼虫后，才开始注意到这种并非由缺食所引起的扩散现象。这时幼虫已减少到仅23只。我在室内的家具下面，在院落的墙上，以至院外的公路边找到这些黑毛虫。它们有的仍在不停地向前爬动，有的蜷缩在墙边、台阶下的角落里不动，有的已被路边的法国梧桐的干裂球果上落下的茸毛所阻滞。它们沾满灰尘，长长的次生白毛亦多已折断。我不禁要问：这些幼虫离开食物并不短缺的家园而远行的原因是什么？

　　在牛首山，我曾在远离栖息地的一片沼泽地的草丛中找到过一只中华虎凤蝶幼虫，它已陷入水草包围的困境，它黯然的样子表明了它所经历的艰难险阻。我相信这证明这种扩散在自然状态下以同样方式进行着。

　　我开始密切注意幼虫在龄期之末的动态，观察证实这种扩散机制大约在蜕皮前48小时受到触发，使幼虫开始停食远征。这时它们对于刚才还在大嚼的杜衡好像一变而为万分憎恶，又好像就要发生什么不祥事件似的纷纷四散逃离，它们沿途不吃不停，日夜兼程地赶路，顽强地跋涉着。

　　在饲养条件下，我曾把那些在逃的捉回。尽管它们的腹中已空，找到杜衡后却并不吃，仍然固执地逃走，它们就像是服了兴奋剂似的，一刻不停顿地、尽快尽远地爬走。我不得不把它们囚于纱笼中，经

过十几小时的折腾，终于沉寂下来。它们用丝把自己缚住，蜷缩起来，开始蜕皮。蜕皮后便大吃杜衡。

至此，我觉得真相终于大白，这些幼虫突然抛开食物而不顾一切危险地远征，其目的似乎仅仅是为了寻找一个安全地点以蜕去旧皮。原地点的拥挤或缺乏掩护确实不够安全，也不够宁静。另外，蜕皮之前，还必须有足够的时间排净粪便，耗掉多余的营养积蓄，使身体瘦缩下来以利于蜕皮。最后，蜕皮后倍增的食量就使原取食地点的杜衡不足以维持需要，为避免坐吃山空，及早另寻食物资源以减少取食竞争就成为绝对必要。因此，这种在昆虫生态学上不见记载的在蜕皮压力下的扩散的确是一种深谋远虑的行动。但是这生死攸关的扩散又是一场冒险的吉凶未定的远征。

（吴琦："牛首山的中华虎凤蝶"，载《大自然》1986年第2期，第35~36页。）

6. 袁德成

研究员，《昆虫学报》执行主编。

中华虎凤蝶研究主要论文有：《中华虎凤蝶栖息地、生物学和保护现状》（1998）、《中华虎凤蝶杭州与南京种群间主要生物学特征的比较》（1999）、《温度对中华虎凤蝶幼虫生存与生长发育的影响》（1999）。

文献选登［2］

本文为1992—1996年期间中华虎凤蝶分布和生物学研究的总结。中华虎凤蝶现仅分布在我国中部秦岭山脉和长江中下游一带，栖息地多为次生林，可分为长江中下游低地类型和秦岭山脉高山类型。低地类型的寄主植物为杜衡，人为干扰严重；高山类型的寄主植物为细辛，人为干扰

袁德成

较轻。中华虎凤蝶幼期发生历期和存活受光照、温度、湿度等气候因素影响显著。其种群分布格局属典型的异质种群类型。栖息地丧失和退化及寄主植物的过度人为利用是其持续生存的主要致危因素。其种群现状满足IUCN红色名录等级新标准下列条款：VULNERABLE：A1a，c，d＋2c，应定为易危物种。文中还提出了相应的保护对策和进一步研究的内容。

5.4 近缘种种间隔离

生态位理论，其坐标为资源的类型和数量及物种利用的时空分布。现代的理论预言：具有一致生态位的两个种不能共存。

秦岭地区中华虎凤蝶和长尾虎凤蝶同域分布，发生时间亦相近并有重叠（中华虎凤蝶羽化略早1~2个星期），但栖息地海拔和寄主不同。长尾虎凤蝶寄主植物为马兜铃科马蹄香属马蹄香（*Saruma henryi*），在秦岭主要分布在海拔1 000~1 500 m的山坡地带。据《中国植物志》记载，马蹄香又名"冷水丹"，分布于江西、湖北、河南、陕西、甘肃、四川和贵州，生长于海拔600~1 600 m的山谷林下和沟边草丛中。在秦岭一带，中华虎凤蝶分布海拔相对较高（2 000 m左右），长尾虎凤蝶分布海拔相对较低（1 000 m左右）。

5.5 群落

群落具有其组成种群不具备的结构和属性，包括营养结构、稳定性、互利结构和演替阶段。中华虎凤蝶、寄主植物和树木三者是构成中华虎凤蝶群落结构和功能关系的主要成分，蜜源植物对其群落结构和功能影响不大。由于该群落处于演替的中间阶段，施加适度的外界干扰有利于维持群落所处演替阶段。对维持中华虎凤蝶群落有利的外界干扰主要是一定强度的人为割草和砍材。这种人为干扰对应于"中度干扰假说"，即存在一个干扰强度范围，当干扰强度低于或高于这个范围时，寄主植物资源趋减。若无割草和砍柴，草太高、树太密，将不利于寄主植物的生长；反之，过度割草和砍材，导致小气候变化，过于干旱，也影响寄主植物的存活，冬季无适量的落叶和草枝覆盖也不利于中华虎凤蝶蛹越冬。

6 野生现状

6.1 栖息地和寄主植物资源现状

我们调查的路线覆盖了中华虎凤蝶大部分分布区。中华虎凤蝶栖息地破碎化是普遍特征，且面积趋于减小，栖息地的质量也因此受到影响。总起来可以分为下面两大类型：

1）长江中下游低地类型　栖息地海拔较低，多在200 m以下，对应于我国总体地势的最低台阶第三阶梯，包括苏、浙、赣、皖、鄂一带的平原和丘陵地区。寄主植物为杜衡，林相为多种类型的人工次生林。对于该栖息地类型，干扰强度通常已达到或超过临界点，寄主植物资源正在急剧减少。需要采取措施减轻干扰强度。

2）秦岭山脉高山类型　栖息地海拔较高，多在1 000~2 000 m，对应于我国总体地势的中间台阶第二阶梯，以秦岭山脉为主，巴山、神农架和大别山区亦可归入此类。寄主植物为细辛，林相以落叶阔叶林为主。对于该栖息地类型，干扰强度通常低于临界点，寄主植物资源相对稳定；但在部分地点，干扰强度有在近期达到临界点的危险，需要采取措施阻止干扰强度上升的趋势。

6.2 中华虎凤蝶种群现状

中华虎凤蝶的种群分布对应于其栖息地格局，其种群分布格局属于典型的异质种群类型。作为异质种群，中华虎凤蝶在一个地区的分布一般由一个或多个核心种群和数个卫星区组成。核心种群数量相对稳定，卫星区种群数量波动明显。在不利的年份，卫星区的种群可能遭遇灭绝，但当条件转好时可被来自核心种群的迁徙个体再建群。一个核心种群栖息地的毁灭可能导致依赖其给予周期性补充的数个小种群的灭绝，而人为障碍阻止不同栖息地间个体迁徙会降低局部灭绝后再建群的机会。异质种群刻画了种群过程的动态本质，提示少数种群的毁灭可能导致更广泛区域上该物种的局域性灭绝。

中华虎凤蝶野生种群还具有密度低、种群间隔大的特征，虎凤蝶的强飞行能力是与此相关的适应性特征。观察发现单个栖息地同时出现的虎凤蝶成虫数量很少，一般一块孤立的栖息地能同时发现的虎凤蝶数量不超过 20~30 只，多数情况下仅能观察到少数几只。

7.3 受危原因

受危原因可从内因和外因两方面来分析，这里内因是指有关种群自身的生物学特性，外因则是指外界生物和环境及气候因素对其影响。

从内因方面来看，中华虎凤蝶受下列两方面的因素制约最大：首先，种群相对一般昆虫较小且间隔较大，而小种群对疾病、气候变化、栖息地改变、杂交等影响其生存的因素的抵抗力相对较低，容易遭遇灭绝；其次，中华虎凤蝶 1 年 1 代，以蛹越夏越冬且经历 2 次滞育，蛹期长约 10 个月，在整个漫长的蛹期中受天敌和气候因素的影响死亡率较高，农民土法养殖过程中蛹的死亡率近半，田间观察蛹的羽化率仅为 65.9%。

外因方面，食物是中华虎凤蝶重要的限制因子，寄主植物密度和生长状况直接影响幼虫的生存，幼虫常因食物不足死亡。另外，人为原因造成的栖息地面积减少和质量下降亦是影响中华虎凤蝶种群数量的重要因素。气候条件是限制中华虎凤蝶分布范围的主要因素。

调查表明，在长江中下游一带，适于中华虎凤蝶生存的栖息环境遭到或正在遭受改变或破坏，一些栖息地亟待采取措施进行保护；局部地区中华虎凤蝶数量仍很丰富；相当小的（约 2 000 m²）且相对孤立的栖息地仍可多年维持中华虎凤蝶一居群的生存。秦岭地区大片高山峻岭中，人烟罕至，植被相对完好，保留着大量适于中华虎凤蝶生存的栖息地。栖息地丧失和退化及寄主植物的过度人为利用是构成中华虎凤蝶受威胁的主要因素。人为捕采中华虎凤蝶只在局部地区影响其种群大小。近年来，由于人工繁殖成功，对其标本的市场需求基本饱和，人为捕采基本停止。

7.14 保护对策

蝴蝶的保护大致可分为两类情形：第一类，蝴蝶种群的维持要求一种尽可能不受干扰的原始自然环境，对其保护应采取尽可能减少人为或不加人为影响的方式；第二类，蝴蝶种群的维持需要处于某一群落演替阶段的环境，维持这种群落演替阶段需要一定的外界因素，完全排除人为干扰反而不利于蝴蝶种群生存和维持。中华虎凤蝶属于第二类情形。对其保护，应采取相应的措施，维系某种程度上有利于其生存的人为干扰，应从群落保护的角度设计对中华虎凤蝶的保护。

针对中华虎凤蝶野外种群现状，有必要采取如下保护对策：

（1）保护现有中华虎凤蝶栖息地和寄主植物资源。对栖息地的保护不能简单地采取划地围栏方法，对人为干扰要区分是破坏性影响，还是非破坏性影响。应允许非破坏性人为影响（如适度砍伐薪材）持续下去。

（2）监控野外捕采和野生来源的标本贸易。对于数量已经很低的种群，过度人为采集有可能是毁灭性的。但对较大的种群，可允许一定数量的人为采集。

（3）必要时进行人工繁殖，补充野生种群。在进行充分的环境和生态影响评估后，对适宜中华虎凤蝶生存但现无其种群的地区，可实施人工引种，扩大其分布和种群。

（4）对一定区域内的隔离种群间实施人为个体交换，以增加种群的遗传变异和平衡遗传漂变的影响，但同时需注意不要破坏特定地区的种群遗传特异性。对于中华虎凤蝶，注意不要进行跨省人为基因交换。

8　结论

中华虎凤蝶现仅分布在我国中部秦岭山脉和长江中下游一带。其生物学特性（一年一代、蛹越冬、寄主单一且稀有）决定其野生种群数量必然很低。其本身和其寄主都对环境变化敏感。其栖息地多为次生林，根据海拔和寄主植物的类型可分为长江中下游低地类型和秦岭山脉高山类型。中华虎凤蝶野生种群面临的主要威胁是栖息地丧失和退化及寄主植物的人为过度利用。根据其栖息地丧失和退化的上升趋势，可以推测中华虎凤蝶野生种群将总体呈下降趋势，在局部地区（如杭州）近年来已观察到明显的下降趋势。依照 IUCN 红色名录等级新标准，该物种满足 VULNERABLE：A1a，c，d＋2c 条款，即：根据直接观察、分布及栖息地面积和质量的下降、实际或潜在的开发程度推测，种群在过去 10 年中至少下降 20%；且根据分布及栖息地面积和质量的下降趋势估计，种群在未来 10 年内将至少下降 20%。中华虎凤蝶因而可定为易危（VU）物种。

栖息地面积减小、质量下降和寄主植物资源减少是中华虎凤蝶数量下降的主要原因。人为捕采可能造成局部地区种群的数量下降，但整体来说，对中华虎凤蝶的野外生存影响不大。特别是最近几年，由于舆论的影响和执法部门的重视，其标本贸易受到了限制，加上室内饲养的成功和标本收藏需求趋于饱和，因而对中华虎凤蝶野生种群的人为捕采显著减少。对中华虎凤蝶保护的主要措施应是保护其现有的栖息地和限制对其寄主植物的过度采获。现有的种群若能得到适当的保护，将足够维持其野外种群的生存。所以，对其进行引种或再引种应取慎重态度，特别是在目前对其不同产地的种群的遗传特性及亚种地位还不明确的情况下。

虽然由于气候变迁、群落演替、疾病和其他偶然事件，不可避免地使一部分物种自然灭绝。但减少人为灭绝，保护和维持自然界尽可能丰富的物种，对于人类的可持续发展意义重大。对中华虎凤蝶采取保护，其意义不仅仅在于保护中华虎凤蝶物种本身。由于经济发展造成栖息地破碎化及单个栖息地面积减小，是目前普遍存在的现象，那些破碎的栖息地面积常常太小而不足以养活大型动物，而却能养活诸如中华虎凤蝶一类的小型无脊椎动物。保护这类小型无脊椎动物，亦有助于保护这些破碎的小栖息地和与其有关的其他物种。而且，蝴蝶这类对环境变化敏感的小型无脊椎动物还可用来作为环境监测指标。

对于中华虎凤蝶的保护，今后还需要在以下方面开展更多的研究：（1）与虎凤蝶属其他种的区别和亲缘关系；（2）不同产地种群的遗传特性及亚种地位；（3）除了植被条件外，限制中华虎凤蝶分布的其他原因；（4）野生种群数量监测技术及开展长期监测以便区别种群短期波动和长期下降趋势；（5）种群生存力分析及最小可存活种群研究；（6）中华虎凤蝶栖息地保护网络的规划和建立。

（袁德成，买国庆，薛大勇，胡萃，叶恭银："中华虎凤蝶栖息地、生物学和保护现状"，载《生物多样性》1998 年第 6 卷第 2 期，第 105~115 页。）

四、虎凤蝶属专题邮票及文创艺术品选登

在工艺美术大师设计的邮票中，蝴蝶邮票是最受集邮家青睐的邮品之一，其中虎凤蝶属专题更是集邮家的最爱。世界上已发行的种类有日本虎凤蝶、乌苏里虎凤蝶、乌苏里虎凤蝶南韩亚种、中华虎凤蝶（个性邮票）。

虎凤蝶（朝鲜 1962）

虎凤蝶南韩亚种（韩国 1976）

日本虎凤蝶（日本 1980）

虎凤蝶（老挝 1991）

日本虎凤蝶（日本 2006）

中华虎凤蝶（个性邮票 2006）

日本虎凤蝶（乍得 2011）

太白虎凤蝶（邮戳 1996）

张松奎 摄于南京农业大学幼儿园

　　蝴蝶还是多种文创的题材，其中虎凤蝶属专题的文创艺术品有：工笔画、砖刻、剪纸、卵石画、脸谱、扑克、磁卡、纪念卡、绣包、明信片、木梳、云锦等。

中华虎凤蝶（充值卡）

中华虎凤蝶（火花）

中华虎凤蝶（纪念卡）

中华虎凤蝶华山亚种（缴费卡）

太白虎凤蝶（充值卡）

日本虎凤蝶（电话密码磁卡）

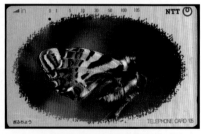

日本虎凤蝶（日本 NTT）

日本虎凤蝶（日本 NTT）

日本虎凤蝶（日本 NTT）

明信片（姜盟提供）

长尾虎凤蝶（纪念卡）

虎凤蝶属文创艺术品

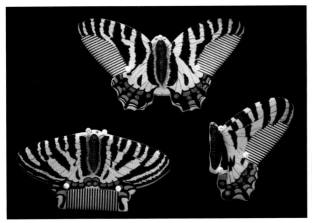

常州梳篦（作者邢粮）

雕塑（作者张松奎）

徽章（作者张花青）

纪念章（作者吴婧曦，9岁）

脸谱（作者张松奎）

金陵面点（作者李静）

南京剪纸（作者汪晓月）

中华虎凤蝶生态图鉴

卵石画（作者王静）

日本手袋（胡萃提供）

中国云锦（尹基峰提供）

砖刻（作者司马）

惊蛰仙子（小西湖小学提供）

后　记

南京中华虎凤蝶自然博物馆于 2016 年 4 月 15 号在南京老山大垲景区建成。当天开幕式结束后我和设计师司马先生送走了各地的嘉宾和多家记者，一天一夜没合眼的我刚想坐下来休息，司马先生就向我提了个要求，让我写一本《中华虎凤蝶生态图鉴》。是啊，馆也建了，是该写一本《中华虎凤蝶生态图鉴》的书了。在整理近 40 年的中华虎凤蝶调查笔记和拍摄的近万张生态图片中，一张手绘中华虎凤蝶工笔画让我想起了第一次认识中华虎凤蝶的情景。

那是 1979 年末，我为画蝴蝶，去南京图书馆查阅资料，看到一本《蝴蝶》的书，作者是中国科学院动物研究所的李传隆研究员。我于是立刻写信给李传隆先生，两个月后终于有了他的回信。他约我去北京，到中国科学院动物研究所去画标本。我于是赶紧东拼西凑了 19 元钱，上了火车就去了。到北京首先直奔邮局，寄一封信回家报平安，在柜台旁看到有人排队在买《大自然》创刊号，凑上前一看，内页还有蝴蝶图片呢，赶紧买了。到了买早点处，就要排到跟前了，我却退了出来，原来是计划好的早点钱，让我买了《大自然》。

在中关村的中国科学院动物研究所，李传隆先生领我到了标本室，就在我准备绘画时，他指着《大自然》创刊号里的一只蝴蝶兴奋地对我说：这是我在杭州采集的中华虎凤蝶标本！说起中华虎凤蝶，李先生眉飞色舞，从外国人对它的命名到后来通过他的饲养、观察了中华虎凤蝶的幼期，研究了其他两个亲缘种的卵、幼虫和蛹的形态特征，认为中华虎凤蝶既不是乌苏里虎凤蝶的一个亚种，也不是日本虎凤蝶的一个变种，而是一个独立的物种。就这样，我认识了中华虎凤蝶，中华虎凤蝶也是我在标本馆里画的第一只蝴蝶。绘画的最后一天，李先生邀请我去他家做客，还赠送了《蝴蝶》一书和《中国蝶类幼期小志——中华虎凤蝶》等资料。作为回赠，我将这次绘制的中华虎凤蝶手稿送给了李先生。

1982 年初春，南京蝴蝶专家吴琦先生告诉我他在牛首山采集到了中华虎凤蝶，并寄到了中国科学院动物研究所李传隆先生那里。之后陪着吴琦先生在牛首山考察，我第一次见到了中华虎凤蝶翩翩的舞姿。1990—1991 年间我和南京电教馆陈义柏先生共同编导的《中华虎凤蝶》电视教学片，将中华虎凤蝶全虫态首次展现于中央教育电视台科教节目，还获得中央教育电视台举办的 92U-MATIC 杯电视节目最高奖。并应邀在 1992 年北京举办的第 19 届国际昆虫学大会上播放。

1996 年 4 月，我收到了著名昆虫学家胡萃教授寄赠的《珍贵濒危蝴蝶：中华虎凤蝶》一书，这是我国第一本对中华虎凤蝶生物学特性、显微与超微结构、人工饲料、饲养技术和稀少的原因进行研究的著作。中国昆虫学会理事长朱弘复教授在序中写道：期望在不久的将来，对于每一种重点保护动物，都有一两本类似的专著出版。那无疑会将我国的野生动物保护工作大大地向前推进。

2019 年 3 月 17 日，南京中华虎凤蝶自然博物馆和浦口区中华虎凤蝶保护协会联合举办的"2019 老山中华虎凤蝶同步观测周"，邀请了江苏昆虫学会前理事长王荫长教授指导工作。活动中我与王教授说到在写一本《中华虎凤蝶生态图鉴》，王教授立刻表示支持并提供了本书附录中虎凤蝶属的邮票、磁卡，还联系了在杭州的胡萃教授。4 月 1 日我便赶去杭州拜访了近 90 岁的胡萃教授。在胡萃教授家里，我就《中华虎凤蝶生态图鉴》拟写的章节，请教了胡萃教授。胡萃教授对部分章节给予了具体指导，并拿出日本蝴蝶专家渡边康之赠予他的《ギフチョウ》著作，介绍了日本研究虎凤蝶属的情况，希望我能写一本图文并茂的图鉴著作。

2019 年 4 月 20 日，我应邀前往北京，到中央电视台录制"蝶梦人生"节目，录制一结束便拜访了多年未见的中国科学院动物研究所专家袁德成先生。20 世纪 90 年代，袁先生一行沿长江中下游和秦岭山脉考察中华虎凤蝶，曾到南京调研中华虎凤蝶的栖息地和保护情况。袁先生对《中华虎凤蝶生态图鉴》有关保护和科普的章节给予了具体的指导。

最后，我要感谢 40 年来，在不同时期不同地点给予我帮助的人。首先要感谢李传隆先生，如果没有 1980 年去中国科学院动物研究所标本馆绘制蝴蝶标本的机会，我就不会与中华虎凤蝶结缘。在南京，吴琦先生是领我走上研究蝴蝶的恩师；在秦岭山脉和长江中下游考察时，各地保护区、林业站、研究所、博物馆、学校等单位和蝶友们给予的帮助，特别是叶亚东先生在我各地考察的日子里给予的支持，令我十分感动。在收集虎凤蝶属文献的过程中，得到了日本蝶学家白水隆、石川佳宏、朝日纯一、斋藤文男等蝶友的鼎力相助，本书中表格由李静老师制作，蜜源植物学名由南京中山陵园管理局董丽娜高级工程师校对，历年的科普教学活动中，提供帮助和场景记录图片的有尹方韬、王佴力、司马、华菁、张华、张宇航、张花青、邰青轩、陈建琴、宋志顺、李静、张燕宁、郭凤玉、赵爱琳、姜盟、唐伟利、梁天行、章丽晖、温焘、廖庆东、裴昌芹等，在此一并感谢。

张松奎

2021 年 8 月

作者简介

张松奎，现任南京中华虎凤蝶自然博物馆馆长。1989年在南京创建了"科教蝴蝶博物馆"，从事蝴蝶生态研究和科普教学工作。主要著作有《蝴蝶世界》《爱能永恒》《南京蝴蝶生态图鉴》《美丽的生命历程》，主编《玉带凤蝶》，参编《中国蝶类志》《南京常见动植物图鉴》，编导《中华虎凤蝶》《蝴蝶世界的奥秘》《蝴蝶贴画》等科教片。

参考文献

［1］胡萃，洪健，叶恭银.中华虎凤蝶［M］.上海：上海科学技术出版社，1992.

［2］袁德成，买国庆，薛大勇，等.中华虎凤蝶栖息地、生物学和保护现状［J］.生物多样性，1998，6（2）：106.

［3］朱建青，谷宇，陈志兵，等.中国蝴蝶生活史图鉴［M］.重庆：重庆大学出版社，2018.

［4］中国科学院中国植物志编辑委员会.中国植物志［M］.北京：科学出版社，2004.

［5］黄其林.南京蝶类志［J］.国立中央大学农学丛刊，1936，3（2）:164.

［6］李传隆.蝴蝶［M］.北京：科学出版社，1958.

［7］李传隆.中国蝶类幼期小志——中华虎凤蝶［J］.昆虫学报，1978，21（2）：161-162.

［8］胡萃，吴晓晶，王选民.珍稀濒危昆虫：中华虎凤蝶的生物学［J］.昆虫学报，1992，35（2）：195-199.

［9］吴琦.牛首山的中华虎凤蝶［J］.大自然，1986（2）：35-36.

［10］胡萃，叶恭银，洪健，等.关于虎凤蝶属诸种分类地位的初步讨论[A].走向21世纪的中国昆虫学，北京：中国科学技术出版社，2000.

［11］洪健，叶恭银，邢连喜，等.虎凤蝶属雄性外生殖器超微结构的比较(鳞翅目:凤蝶科)［J］.昆虫学报，1999，42（4）：381.

［12］寿建新.周氏虎凤蝶发现和起源研究［J］.西安文理学院学报（自然科学版），2013，16（1）：111-112.

［13］渡边康之.ギフチョウ［M］.札幌：北海道大学图书刊行会，1996.

［14］贾晓红，陈瑞基.中华虎凤蝶生存状况与自然保护［J］.社会与公益，2018：11.

［15］中华人民共和国国务院.国家重点保护野生动物名录［J］.中国林业，1989（2）：18-23.

［16］国家林业局.国家保护的有益的或者有重要经济、科学研究价值的陆生野生动物名录［J］.野生动物，2000(5)：49-82.

［17］胡萃，叶恭银，吴晓晶，等.珍稀濒危昆虫——中华虎凤蝶的半纯饲料［J］.浙江农

业大学学报，1992，18（2）：1-6.

［18］童雪松，潜祖琪 . 中华虎凤蝶生物学特性观察［J］. 动物学研究，1992，13（1）：4，24.

［19］寿建新，周尧，李宇飞 . 世界蝴蝶分类名录［M］. 西安：陕西科学技术出版社，2006.

［20］寿建新，雷生辉 . 人工饲养周氏虎凤蝶获得成功［J］. 大自然，2009（4）：26-27.

［21］洪健 . 四种虎凤蝶翅面斑纹特征及鳞片的超微结构［J］. 浙江农业大学学报，1998，24（4）：45-50.

［22］牛琼，牛瑶，梁宏斌，等 . 河南珍稀濒危蝶类——中华虎凤蝶李氏亚种的研究［J］. 河南科学，1995，13（2）：160-162.

［23］周尧 . 中国蝶类志［M］. 郑州：河南科学技术出版社，1994.

［24］王文明，邹志文，贾凤海，等 . 中华虎凤蝶研究简述［J］. 江西植保，2010，33（3）：100-104.

［25］梁爱萍 . 我国的濒危昆虫——Ⅰ鳞翅目 凤蝶科［J］. 昆虫知识，1990，27（3）：163-166.

［26］姚洪渭，叶恭银，胡萃，等 . 温度对中华虎凤蝶幼虫生存与生长发育的影响［J］. 昆虫知识，1999，36（4）：199-202.

［27］寿建新，雷生辉 . 周氏虎凤蝶不同于中华虎凤蝶［J］. 西安文理学院学报（自然科学版），2009（04）.

［28］姚洪渭，叶恭银，胡萃，等 . 中华虎凤蝶杭州与南京种群间主要生物学特征的比较［J］. 浙江农业大学学报，1999（03）.

［29］姚肖永 . 秦岭地区虎凤蝶（Luehdorfia）的研究［J］. 西北大学，2007.

［30］王文明 . 中华虎凤蝶和金斑蝶在燕山地区的生物学特性研究 [D]. 南昌：南昌大学，2011.

［31］郭万林 . 中华虎凤蝶危在旦夕［J］. 大自然，1993（03）.

［32］杨淑贞 . 破解中华虎凤蝶二十年疑案［J］. 人与生物圈，2006（05）.

［33］李湘涛 . 中华虎凤蝶［J］. 百科知识，2006（17）.

［34］六足园里蝴蝶飞［J］. 小哥白尼（野生动物画报），2007（08）.

［35］许雪峰，孙希达，楼信权 . 中华虎凤蝶生物学特性的研究［J］. 宁德师专学报（自然科学版），1998（03）.

［36］杜悦 . 中华虎凤蝶何日君再现［J］. 浙江林业，2004（11）.

［37］董思雨，蒋国芳，洪芳.珍稀濒危蝴蝶——虎凤蝶的生物生态学研究进展［J］.应用与环境生物学报，2014，20（6）：1139-1144.

［38］白水隆.日本产蝶类标准图鉴［M］.东京：株式会社学习研究社，2006：14-19.

［39］大野義昭.分布幼虫形态等再说［J］.昆虫 自然，1988，23（4）：35-37.

［40］石冢祺法.属类缘关系 考察［J］.昆虫 自然，1991，26（4）：4，21-29.

［41］渡边康之.日本昆虫［J］.文一 合出版株式会社，1985：93-97.

［42］日浦勇.蝶道［M］.东京：三树书房，1978：230.

［43］原聖树.自然史［M］.东京：筑地书馆，1979：1-32.

［44］新川勉.属种间关系 考察［J］.昆虫 自然，1991，26（4）：11-20.

［45］藤冈知夫.属变异—交尾器 中心—［J］.蝶研，1992，7（6）：6-14.

［46］青山润三.系统试泡（上）［J］.研究，1993（8）：1-5.

［47］加藤辉年.交尾器形态形质属4种系统论［J］.蝶蛾，1998，49（2）：93-103.

［48］何桂强，贾凤海，朱欢兵.江西桃红岭中华虎凤蝶种群分布和数量调查［J］.江西中医学院学报，2011，3（2）.

［49］谭济才，李密，周红春，等.湖南首次发现中华虎凤蝶种群及栖息地［J］.湖南农业大学学报，2010，36（6）.

［50］蔡邦华.昆虫分类学（中册）［M］.北京：科学出版社，1973.

［51］国家林业和草原局 农业农村部公告2021年第3号《国家重点保护野生动物名录》［J］.35.